圖說
ILLUSTRATED SCIENCE & TECHNOLOGY
雲端運算

潘奕萍 著

Cloud

書泉出版社 印行

雲端運算已經深入你我生活，不論收發郵件、搜尋資訊、網路購物、線上遊戲，以及上Skype與朋友聊天、用手機作為導航器，或在地圖上打卡，這一切都與雲端服務有關，重點是：許多人並不知道這片雲有多大、在哪裡、如何運作，因為雲端服務的特色就是將複雜性完全隱藏，只帶給使用者最友善、便利的使用體驗。

本書首先介紹雲端運算的基礎概念，再由這些概念延伸至雲端運算的技術面，例如我們習以為常的「Google搜尋」是依靠哪些技術從上億個網頁中找到正確的資料？虛擬技術為什麼能讓電腦資源獲得最大的利用？在說明的同時，本書也舉出應用實例以供對照。

接下來再討論雲端產業的現況和未來展望。雲端運算已經名列世界各先進國家之重點發展項目，台灣一向以製造者的角色在全球IT產業佔有一席之地，但面對硬體毛利不斷下滑的事實，我們應該力圖轉型，邁入高毛利的雲端產業之列，以既有基礎配合發展策略，儘速成為雲端先進國家。

雲端服務除了帶來便利，卻也帶給人們許多疑慮，這些疑慮包括對資訊安全的影響，對社會環境的影響，以及是否造成數位落差等問題，因此第五章將針對這些與法規和社會有關的部分加以討論。

雲端技術既然能帶給我們便利的生活，我們不妨由身邊各種雲端服務著手，一一檢視哪些服務可以為我們帶來更好的體驗，第六章要介紹的正是各種受歡迎又容易上手的雲端產品，而且許多服務還是免費的。

作者希望透過淺顯的文字搭配圖表說明，讓這朵「雲」讀起來輕鬆易懂，並進一步產生興趣，因此不揣淺陋，將自己對雲端運算的認識形諸於文字，倘有疏漏，尚請不吝指正。

潘奕萍

2011年8月

目錄　　　CONTENTS

Part 2 雲端的現在和未來

第3章 網路世界由此進

第4章 雲端產業的現況和發展

Part 1
雲端運算與相關技術

第1章
認識雲端運算

圖　說　雲　纖　維　運　算

1 甚麼是雲端運算？

　　雲端運算（cloud computing）是指「網路運算」，而雲端就是指網路。之所以與「雲」有關，是因為在電腦網路的流程圖中，我們常用雲狀圖來表示將所有設備連結在一起的網際網路，例如在個人電腦與遠端伺服器之間畫上雲朵即表示這些設備透過網路加以連結。

　　現在，除了個人電腦外，行動裝置如智慧手機（smart phone）、平板電腦也培養出一群堅強的網路族群，換句話說，就是上網環境已經由internet（網際網路）變成internet與mobile-net（行動網路）並行。

　　以電子郵件為例，傳統的郵件用戶須先在用戶端（又稱本地電腦）上安裝電子郵件管理工具——如Office Outlook——然後收發信，信件的內容會保留在本地電腦硬碟和遠端伺服器中。

　　然而雲端用戶只需要透過瀏覽器就可以登入webmail收發郵件，本地硬碟並不儲存任何資料。而且不只是電腦，不同的行動裝置也可以登入同一個服務，資料永遠是同步的，應用軟體也無須動手更新。

　　除了電子郵件這類應用程式之外，硬體設備和網路頻寬也可以雲端化。用戶可以在本地電腦使用遠距的運算資源和儲存空間，網路上每個「節點」間可以直接通訊，這些都屬於雲端運算的範疇。

　　相對於用戶端的設備有愈來愈簡單的趨勢，雲端服務供應商則必須擁有大型或大量的伺服器（server）以滿足用戶的需求（註）。例如Google即擁有超過百萬台伺服器，約佔全球百分之2左右。

　　總之使用者透過網路由用戶端登入遠端伺服器，讓操作遠端機器如同操作本地機器一般，就可稱為雲端運算。

註：伺服器的運算能力較高，一次可以應付多位使用者，而個人電腦一
　　次只滿足一位使用者。例如：線上遊戲（online games）伺服器正可
　　說明這項特徵。

前進
- 雲是指「網路」，雲端運算就是「網路運算」。
- 伺服器可以一次執行多位使用者的指令。
- 遠端桌面程式將用戶連結至雲端伺服器。

雲端服務供應商擁有的伺服器數量

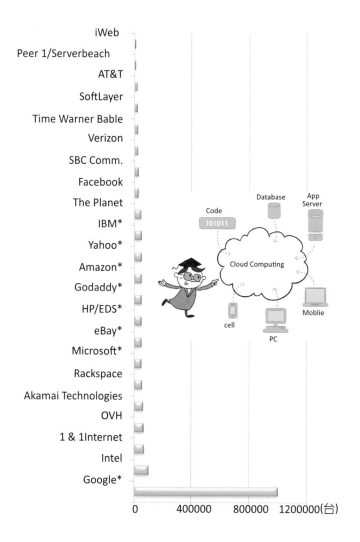

*為預估的最小值，如Google預估最少有1百萬台伺服器。

資料來源：Datacenterknowledge.com

2 2010—雲端元年

2010年是台灣雲端運算元年，既有的運算技術、IT產品、以及網路環境已經形成一個完美的雲端溫床，不論是資訊服務者、軟硬體業者和電信業者都亟欲在雲端產業佔有一席之地。

根據IDC（註）的預測，到了2012年全球雲端產值可望達到4千多億美元，台灣具有IT硬體的製造優勢，包括消費性商品，如智慧手機、電子書閱讀器、各式電腦等；商用服務商品，如商用電腦、商用伺服器、儲存設備、電源供應器、貨櫃式資料中心等。設備綠化商品，例如智慧電網（smart grid）、綠色機房等各種能降低碳排放的設備。預估到了2020年我國由資通硬體產業所創造的產值將達到10兆台幣左右。

而Google、微軟和IBM等大企業也提供各種雲端解決方案，有些服務是針對個人用戶（B2C），有些則是針對企業（B2B），這一切都在2010年開始進入白熱化的競爭狀態。也就是說消費者不但已經了解雲端服務的效益，而且也有更多更好的選擇。

對電信業者來說，雲端更是一個極好的商業機會，因為雲端服務無法脫離網路獨自存在，因此擁有各種基礎架構的電信業者不但可以整合現有的網路架構、機房和頻寬，提供不同類型的「硬體服務」，還可以與其他業者結盟，提供各種「軟體服務」和「內容服務」。例如中華電信與IT製造商英業達合作「貨櫃式雲端模組綠能資料中心」，亦與微軟結盟，提供行動加值和雲端服務。

政府為了推廣雲端應用，積極鼓勵各行各業善用雲端運算平台對現有產品或服務再加值。而「雲端架構師」（見第28節）這類幫助業者擬定計畫、導入雲端服務的角色也將成為一項新興的服務。

註：IDC是全球著名的IT及電信行業市場諮詢和顧問機構。

前進

- 2010年是台灣雲端運算元年。
- 我國在IT硬體製造方面具有優勢。
- 2020年我國資通產業的產值約為10兆台幣。

不論是私人企業或政府機構都紛紛投入雲端懷抱

中華電信新推出的雲端運算伺服器服務，包含三種優惠方案

您可任意選購超值方案 **"經濟型"**、**"進階型"** 以及 **"專業型"**

來打造屬於您的雲端服務

購買流程

Step1. 選擇您要的方案或者自行決定配備效能

中華電信的雲端服務—HiCloud

雲端帶給生活無限的便利

13

3 雲端服務的層級

雲端服務得以成真，主要依賴網路速度、穩定度，以及虛擬技術的成熟。雲端服務可分為三種層次，也就是軟體、平台以及硬體等。

Software as a Service：SaaS, 軟體即服務。簡單的說就是業者提供各種軟體，用戶無須將它們安裝在本地電腦，只要連上網路就可以使用。最廣為人知的就是Google文件、Gmail等服務。以Google文件為例，任何人皆可免費使用文書處理、試算表和簡報軟體，使用者的電腦不必安裝離線軟體，只要開啟瀏覽器，連上Google即可使用。

Platform as a Service：PaaS, 平台即服務。業者提供開發軟體所需的主機和作業系統，也就是硬體加上作業環境，開發人員可在此平台進行設計、開發、測試等工作，而且僅需按時付費即可。Amazon所提供的Amazon EC2以及Google提供的Google App Engine就屬於這類產品。

Infrastructure as a Service：IaaS, 基礎架構即服務。原本被稱為Hardware as a Service, 也就是將主機、網路設備等基礎設備租借給用戶，用戶不必花大錢購買硬體。當業務量高的時候可隨租隨擴充，業務量低時又可以降低租用量，是相當具有彈性的服務方式。中華電信的HiCloud就屬於IaaS層級的服務。

另一種分類方式是將儲存空間即服務（**Storage as a Service**）從基礎架構即服務（IaaS）獨立出來，例如中華電信也提供了STaaS，對外開放用戶租用網路硬碟作為資料備份的空間。

有些雲端業者只提供某一層級的服務，有些則提供多種層級的服務。例如Amazon EC2就同時提供開發軟體的專用平台（PaaS）以及各種運算能力的伺服器和儲存設備及頻寬（IaaS）的服務。隨著技術的成熟以及用戶需求出現，介於兩種服務之間的混合式服務也慢慢進入市場，例如可同時控制平台及底層硬體的服務也逐漸問世了。

前進
- 雲端服務有賴網路以及虛擬技術的成熟。
- 雲端服務的三個層級：SaaS、PaaS、IaaS。
- Amazon EC2提供了PaaS及IaaS層級的服務。

雲端服務的混合模式出現

	IaaS	PaaS	SaaS
服務內容	基礎建設服務	平台服務	軟體服務
說明	伺服器 網路 資料庫 硬體管理	提供開發測試軟體的環境 如Java、Net	各種線上應用軟體
服務對象	IT管理人員	軟體開發人員	終端使用者
公司及產品	IBM: Blue Cloud Amazon: EC2	Google: App Engine Salesforce: Force.com Microsoft:Azure Amazon EC2	Google Apps Yahoo 無名小站 趨勢科技 Pc-cillin雲端版

雲端服務的層級

除了以上三種類型的雲端服務之外，有人將「儲存空間即服務」從IaaS獨立出來，成為第四種類型，被稱為STaaS（Storage as a Service）。

STaaS
儲存空間即服務 異地備份 異地備援 災害復原等。
企業及個人
Amazon:S3 中華電信：STaaS

現在也出現了介於兩種層級之間的服務，例如Amazon的Elastic Beanstalk就提供PaaS的環境讓開發人員開發軟體，但開發員可以掌控底層基礎架構的環境。

（Beanstalk綠豆藤）

4 雲端運算中心的組成

　　一般資料中心的伺服器大約是數百台的規模，然而大型雲端運算中心的伺服器卻高達數萬台，需要投入的人力物力不可小覷。中心的組成包括最底層的「硬體」，再透過一個「管理系統」將多台硬體整合成為「運算中心」，而雲端運算中心則須要透過網路和上網裝置提供IaaS、PaaS和SaaS服務。

　　建置雲端運算中心除了機房規劃之外，在網路設計時，頻寬以及備用線路也必須事先考慮，此外網路佈線技術也與網路的穩定息息相關。至於能源配置則包括能源供應和備援，智慧電網（smart grid）的設計可提供最佳供電效率，除了保持電力穩定和效率之外，亦應考慮設置獨立電源以防萬一。此外如何節能也是重要課題。而此種種設備還需要一套管理系統。中心營運規範和人員素質都攸關服務的品質，中心的門禁監控系統也必須嚴密，要達到受人信賴的高等級服務，各方面都必須達到高水準的程度並緊密合作，缺一不可。

　　目前雲端運算產業最領先的國家是美國，知名的公司有Amazon, Google, IBM, Microsoft, Oracle, Symantec, Yahoo!等；以人力方面來看，最有效率的Google平均一位系統管理員（system administrator）負責2萬台伺服器（Stephanie Overby,2009），其它公司難以望其項背。至於各國在發展雲端產業的競賽上，韓國以線上遊戲類見長，日本以網路資訊安全為發展重點，中國對於發展雲端運算亦不遺餘力，在十二五計畫中雲計算更是重點關注項目。

　　台灣的中華電信預計將陸續建立四大雲端服務中心，最大的雲端IDC營運中心座落於板橋，於2012年上線，服務範圍由最底層到應用層。台灣雲端大廠雖多以硬體製造商為主，但政府推動的「雲端運算產業發展方案」將扶植國內廠商升級轉型，成為雲端產業的先進國家。

前進

● 雲端運算中心的伺服器動輒上萬台。
● IDC是Internet Data Center（網路資料中心）的簡稱。
● Google網管人員負責的伺服器台數最高。

各家大廠搶進雲端商機

中國十二五計畫預定完成的大型雲端運算中心

地點	雲端中心計畫名稱	主要廠商
北京	祥雲計畫	聯想電腦等
上海	雲海計畫	中國電信
福建	雲計算工程	中國電信與中華電信（台灣）合作
重慶	雲計算基地	太平洋電信等
河北	頂級雲計算中心	IBM與中國潤澤科技合作

國外大廠在台發展現況

國外廠商	在台建立／合作項目
IBM	System x研發團隊 Power System商用伺服器研發中心
Microsoft	軟體暨服務卓越中心
HP	惠普資訊研發整合中心
Google	亞太地區大型雲端資料中心

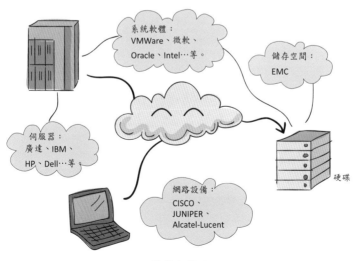

漫步在雲端

17

5 雲端產業的特質

以「搜尋」為企業核心的Google擁有全球百分之2的伺服器，數量超過百萬台，透過這些伺服器的串連，使用者可以快速找到所需要的各種網頁資料。除了Google之外，以書店起家的亞馬遜則擁有眾多大型伺服器，在分割成小單位之後供全球客戶租用。透過租賃關係，即使是一般人也能享受超大儲存空間和超強運算環境。雲端運算正是具備了超大型（massively）、無限延展（scalable）以及彈性使用（elastic）等特性。依據經濟部的解釋：

超大型：通常具有超過1萬台以上主機的運算資源。

無限延展：運算能力可隨運算設備的增加而迅速擴充。

彈性使用：用戶可隨需要增加或減少運算資源。

然而同樣是雲端運算，所需的伺服器等級卻不相同。Google的雲端運算主要在分析用戶提出的搜尋字串（query），然後比對出相符的網頁資源，因此Google自行研發出個人電腦等級的伺服器並大量串連，這種方法相當適合大量資料的平行運算。

提供硬體服務的Amazon EC2提供了6種等級的伺服器和頻寬租賃服務：Standard, Micro, High-Memory, High-CPU, Cluster Compute以及Cluster GPU（見圖）。用戶可以審視自己的需求，彈性租用不同等級工具。

無論是哪種等級的雲端服務，都是「藉由網路將用戶端的運算能力提高至伺服器的強度」。使用者不再需要花費鉅資購置IT設備，未來的擴充也不是問題，這對於缺乏資金的創業者和需求量具有季節性高低者有非常大的助益。

相對地，雲端服務供應商也是讓資源獲得有效利用的環保角色，Salesforce.com的數據指出：該公司每購買1台伺服器，平均可滿足5萬4千個客戶，但如果由客戶自行購買伺服器使用，則總數將至少多出10倍以上。因此不論從資本的角度或是從環保的角度來看，雲端服務都是資源最適化的幫手。

前進

- Google擁有的伺服器數量高達全球的2%。
- 雲端運算的特徵：超大型、無限延展及彈性使用。
- 使用者只需選擇服務，不必理會伺服器的運作模式。

雲端服務是IT資源最適化的幫手！

Amazon的EC2提供多種等級的運算資源

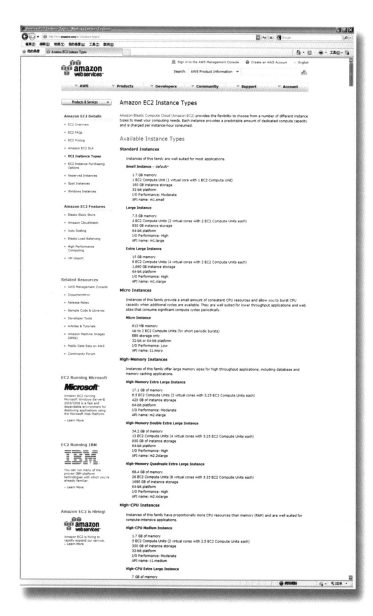

雲端產業的特質

19

6 隨選即用與自建部署

雲端軟體依據安裝的目的地可分為：安裝在遠端主機者稱為「On-demand」也就是「隨選即用」的雲端軟體，亦即用戶直接採用雲端業者提供的服務；另一種則是在本地自建私有雲，包括購買IT設備、設計系統環境、開發軟體等，稱為「On-premise」，也就是自建部署或就地部署。

雲端軟體的優點前面都已經討論過，但是由於雲端話題來勢洶洶，讓使用者對於雲端軟體產生許多期待，Gartner市調公司就針對一般人對SaaS常見的五項假設進行說明：

首先雲端軟體一定比較便宜？事實上前兩年的整體擁有成本（total cost of ownership，TOC）或許如此，但自建部署被視為公司資產，第三年之後即可進行折舊攤提，因此長遠來看就並非如此了。

其次是雲端軟體部署的速度遠較自行建置快速？事實上部署的速度常隨著企業的特殊性和複雜度有所不同，號稱可短時間部署完成的系統必須在特定前提下才能達到這項標準。

許多SaaS業者號稱以量計費（utility-based），就像家庭用電一樣，用多少電收取多少電費。事實上，整套系統的某部分的確是以量計費，其他大部分則否，業者在簽約時會要求用戶簽訂確認個別合約。

許多人認為雲端軟體無法與自建部署的軟體及資料庫相容，其實利用批次轉檔與同步或是利用網路服務即時更新即可解決此問題。

而雲端軟體常被認為只適用於簡單且基礎的案例，對於大型又複雜的環境就不適用，雖說情況並非如此，但是導入前多評估，了解其功能和限制還是最重要的。

企業在選用雲端隨選即用的服務或是自建部署時需要知道：這兩者並非對立關係，雖說未來整體市場需求將由自建部署大量轉為雲端軟體，但企業仍可就目前已有的IT設備建置私有雲，再選配雲端服務。

前進
- 雲端軟體是隨選即用的軟體。
- 建置在本地電腦上安裝軟體稱為自建部署或就地部署。
- 不同的解決方案可併用，打造最有利的環境。

企業應彈性搭配雲端服務

用戶可以透過網路傳送和讀取數據及分析報告

SaaS供應商資料中心

同步化

自建部屬資料中心

SaaS供應商可提供其他
加值服務，例如提供企
業簡訊、eDM等功能。

全球任何位置、任何裝置都可登入管理

7 三螢一雲

　　微軟提出的「三螢一雲」（three screens and a cloud）指的是電視螢幕、電腦螢幕、手機螢幕與雲端服務，光是想像這些畫面就可勾勒出一幅生動的雲端生活概況。

　　過去要享受網路服務必須待在可連接網路的室內環境，自從有了筆記型電腦和無線網路之後，在戶外也可以享受上網的便利，而智慧手機的出現更將娛樂和通訊活動提升到24小時不打烊的狀態。這種將電信、媒體和資通訊結合在一起、隨時可以取用的生活被稱為無縫生活（seamless life），也就是生活大小事都可以藉由大、中、小尺寸螢幕所交織各種雲端服務得到滿足。

　　除此之外，車載資通訊（Telematics）的成長也非常迅速，不論是導航、娛樂、通信及保全功能都可以整合於智慧手機當中，因此像是Google Android等手機作業系統也搶進車載資通訊產業，將Google的雲端服務一併帶入車用環境。

　　三螢一雲既是微軟提出的，微軟當然也提供了打造無縫生活的開發平台和工具，讓有心從事雲端整合服務的業者得以藉此平台創造出各種加值服務。中華電信就透過微軟的AZURE平台開發各種影音多媒體、行動加值、IPTV（Internet Protocol Television，網路電視）、VoIP（Voice over IP，網路電話）等服務。

　　國際研究暨顧問機構顧能（Gartner）指出：2013年行動電話將會取代電腦成為上網的主要工具，除了手機本身的便利之外，網路佈線不足和品質不穩定的國家也會驅使人們利用手機上網。

　　而手機功能的豐富程度已經超越了電腦，包括攝錄影品質、電子錢包和防盜感應等用途都是一般電腦沒有的規格，方便好攜帶的平板電腦也有輕巧、開機迅速且程式擴充簡便的優勢，凡此皆讓行動通訊在生活中佔有愈來愈高的比重。

前進

- 「三螢一雲」是由微軟提出的概念。
- 智慧手機讓人走到哪裡都呈現連網狀態。
- 網路佈線不發達的國家反而行動上網的比例較高。

24小時都online的生活來臨

手機

電腦

車用導航

電視

三螢一雲

「三螢一雲」的雲端生活讓娛樂和通訊活動24小時不打烊！

8 引發新話題的智慧電視

　　三螢一雲的其中一個螢幕指的正是電視，然而這個「電視」並不是一般電視，而是專指具有上網功能的電視，同時，它應該具備整合、搜尋和互動功能，不僅僅是透過網路觀賞節目的網路電視而已。

　　目前在市面上已經可以購買Apple TV，三星智慧電視、Google TV、Sony、和LG大廠也都競相在資訊展當中展示新機種。智慧電視可略分為1.透過外接數位設備上網，和2.直接內建上網功能兩種。

　　外接數位盒是將現有的電視與網路相連，讓電視變成一台可以上網的設備。例如蘋果公司的Apple TV以及Google推出的Google TV。

　　Apple TV可將區域網路內所有連網設備集合在一起，透過電視畫面播放。例如我們可以透過電視觀賞家中Mac內儲存的影片、相片、音樂；還可以上YouTube瀏覽影片，或到iTunes Store購買音樂和電影，然後透過電視播放。

　　Google TV能整合衛星視訊、寬頻和無線網路，除了支援各種網路活動（搜尋、社群、影片），而且還能以母子畫面（雙螢幕）模式播放，此外，Google TV還能下載各式各樣的Apps（應用程式），就像手機一樣。Google並歡迎開發者參與Google TV Apps的開發。與Apple TV附有一支遙控器不同，Google TV的用戶可以直接使用Android手機當作搖控器。

　　內建上網功能的電視有三星Smart TV等，由於電視本身就可以連網，所以無需其它設備。為了豐富智慧電視的內容，三星建立了專為電視設計的App store，用戶還可以購買線上遊戲、影片。而LG樂金智慧電視除了一般上網功能，還多了可以觀看3D電影的選項。

前進
- 數位內容在雲端，家中不必堆滿CD、遊戲片。
- 以前習慣在電腦上看PPS，現在可以用電視播放。
- 用電視螢幕進行Skype視訊通話是很好的體驗。

智慧電視需注意內容與韌體升級便利性

資料來源：Apple Inc.

資料來源：Google Inc.

智慧電視即可上網又可當一般電視。

用精簡風格引領世界風潮的史蒂夫‧賈伯斯

　　1955年出生於舊金山，兩周大即由養父母收養的賈伯斯（Steve Jobs），19歲時曾前往嚮往的印度流浪數個月，21歲時與沃茲（Steve Wozniak）共同創立蘋果電腦，到25歲（1980）時股票上市，達到1億美元的身價。然而在30歲時卻遭到董事會解任，於是毅然賣光所有蘋果股票，僅留下象徵性的一股，之後便成立了NeXT公司，在此期間開發出後來蘋果電腦的作業系統OS X；31歲時買下皮克斯動畫，並於1995年推出大受好評的「玩具總動員」。與此同時，蘋果的業務日益萎縮，1996年蘋果買下NeXT，隔年賈伯斯42歲時以臨時執行長的身份重新回到蘋果電腦。2001年賈伯斯正式成為蘋果執行長，2007年蘋果電腦正式更名為蘋果公司。時至今日，每年6月的「蘋果公司全球研發者大會-WWDC（門票1,599美元）」都讓全球媒體和3C迷引頸期盼賈伯斯又將現身帶給大家哪些驚喜。

　　賈伯斯是以嚴厲、不妥協出名的執行長，同時也並非是個好脾氣的老闆，很多員工都十分害怕與賈伯斯正面接觸，但正因為他對於產品的設計和功能如此挑剔，使得每件作品都像是精雕細琢的藝術品一般吸引眾人的目光和渴望。Apple的產品讓人覺得不只是產品，而是一種生活態度，它總是創造出最新的需求，相對於其他追隨者總喜歡強調產品具有包山包海的功能，「簡化的美學」反而成為Apple的精神。沒有人能夠否認iPod、iPhone、iPad帶給世人的震撼，這些優雅的設計讓多少消費者寧願排上好幾天的隊伍，也一定要確定自己能夠搶到令人稱羨的Apple新品。要說到賈伯斯為什麼能夠如此成功，也許他無窮無盡的創造力和他對於美的絕對服從正是不二關鍵。

第2章
虛擬化與雲端運算技術

圖　說　雲　纖　維　運　算

9 Peer 2 Peer網路架構

雲端服務最大的特點在於它的延展性，不論是SaaS、PaaS或IaaS都可以隨時擴充規模，同時也無須在乎版本升級的問題。那麼雲端服務是仰賴哪些技術以滿足擴充能力呢？

對IaaS來說，硬體資源能夠彈性擴充，靠的便是透過虛擬化（virtualization）技術對硬體資源進行即時分配。這些活動又常是利用節點對節點（peer to peer, P2P）的調度。

過去的網際網路多是主從架構（client-server），整個網路以一個伺服器為中心，用戶端可對其進行存取，因此這個網路系統具有固定的乘載量，例如頻寬、儲存空間和運算能力，愈多用戶端對伺服器請求資源，整體的服務水準就會跟著下降。

但P2P的架構則不然，peer是「同儕」之意，peer to peer表示「同等地位的兩端」，與一般網路架構中仰賴伺服器的電腦不同。由於每個節點同時是伺服器也是用戶端和中繼端，都具有提供資源的能力，因此愈多節點加入，整個網路效能反而可以隨之提升。又節點之間會透過資料複製增加安全性，若某個節點發生問題也能由其他節點接手支援。

常見的P2P實例為easyMule。所有安裝了easyMule軟體的電腦之間會形成一個網路，而且能夠互相提供資源。例如A用戶可從B用戶的電腦下載文件，下載完成後這份文件便同時為A用戶和B用戶所有，當C電腦發出需求時，可以選擇最有利的路徑由A或B下載。

另一個常見的應用就是網路電話（Voice over Internet Protocol, VoIP）例如Skype，它由數個超級節點互相連結，超級節點又與用戶端相連，下載了Skype軟體的用戶端可彼此通訊甚至多方通話，也可以互傳檔案。通話品質取決於用戶自身的頻寬，不會被其他用戶稀釋。

前進

- 節點與節點之間的地位是平等的。
- 節點具有提供頻寬、儲存空間和運算的功能。
- P2P有純P2P架構和混合架構，Skype屬後者。

網路架構示意圖

傳統網路多是主從架構,整個網路以一個伺服器為中心。

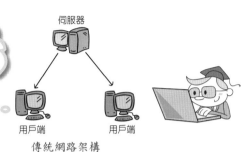

傳統網路架構

常見的P2P實例為easy Mule

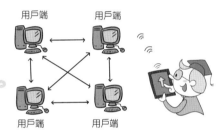

P2P架構

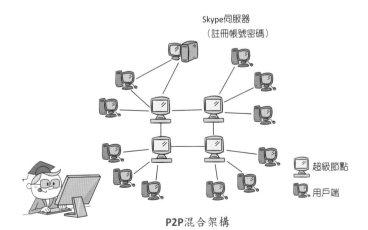

P2P混合架構

29

10 哪些物件可以虛擬化？

IBM指出許多伺服器只發揮了百分之10-15的運算能力，還有許多運算能力被閒置。要善加利用資源的有效方法是將一台主機切割成多個虛擬機器（virtual machine），相當於變成多台電腦，每台電腦都有不同的任務，而在工作過程中，彼此還能互相支援。

使用Windows作業系統的用戶可以利用虛擬機器軟體—如Virtual-Box、Virtual PC、VMware、Xen—在虛擬電腦上建立各種作業環境，然後透過管理介面任意切換。這些作業系統不只可以安裝在本地電腦，有些還可以安裝在遠端伺服器，用戶只要透過網路即可遠端操作。

一般來說虛擬化的應用標的有以下幾項：

硬體虛擬化：是在硬體和作業系統之間加入虛擬層（Hypervisor或稱virtual machine monitor ,VMM），將硬體虛擬化（見第11節），等於一台主機被分成好幾台電腦，而彼此的資料和軟體不會互相干擾。

作業系統虛擬化：利用OS虛擬層將作業系統虛擬化，類似建立起多個擁有獨立作業系統的迷你伺服器，如此一來易於移動到其它硬體，二來也可以與本機其它作業系統同時執行。

應用程式虛擬化：Application Virtualization (App-V)。讓軟體在虛擬環境中執行，解決軟體不相容的問題。即便使用者分散各地，也能透過網路使用同一套軟體存取資料，還可控管使用權限。

儲存空間虛擬化：將不同廠牌、等級的儲存設備利用虛擬層加以整合，就可視為一個完整的儲存空間，再將這些空間分配給有需求的伺服器。這樣就可在購置新儲存設備時仍能善用現有設備，也無須擔憂一定要購買同廠牌、同等級的產品。

根據IDC的研究指出，到了2014年，平均每台伺服器將虛擬出8.5台虛擬機器，屆時百分之70的工作都會交由虛擬機器來處理，伺服器虛擬化的技術已經變成舉足輕重的角色。

前進

● 虛擬機器是將硬、軟體資源虛擬化的應用程式。
● 透過隱藏個別資源的特殊性，即可整合不同性質的資源。
● 到了2014年，平均每台伺服器會虛擬出8.5台機器。

虛擬讓一台電腦變多台電腦

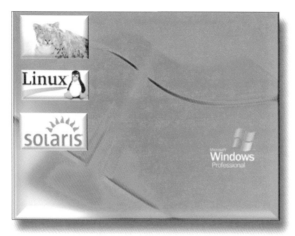

利用虛擬化技術,可在作業系統上建立其它不同作業系統的虛擬機器。例如在Window上建立三台Mac OS X、Linux和Solaris虛擬機器。

虛擬機器的生活化應用:Solaris的用戶可能已經察覺到國稅局報稅軟體只支援Windows用戶,但只要透過電腦虛擬化,在Solaris環境模擬出一台Windows電腦,就可以順利線上申報了。

11 認識虛擬層

虛擬化可分為全虛擬化與半虛擬化：

	全虛擬化 Full Virtualization (FV)	半虛擬化 Para-Virtualization (PV)
說明	在作業系統上模擬出其他的作業系統，例如在Windows上模擬出Linux系統。 有硬體需求時，虛擬機器所發出的指令必須由虛擬層（Hypervisor）進行轉譯（Binary Translation），然後再向硬體送出轉譯後的指令。	在實體伺服器（個人電腦）上透過虛擬層模擬出多部虛擬伺服器（個人電腦）。 有硬體需求時，虛擬機器會向虛擬層提出要求，然後由虛擬層進行驅動。
軟體	MicrosoftVirtual PC VMware Workstation Microsoft Hyper-V	VirtualBox VMware ESX Citrix XenServer/Client
效能	較低	較高
獨立性	較高	較低

虛擬層又可分為兩種型態：

	Type 1	Type 2
型態	Bare-Metal hypervisor （裸機、裸金屬）	Hosted hypervisor
別稱	Native VM	Hosted VM
安裝條件	Hypervisor直接安裝在裸機上，可直接控制硬體。	硬碟必須先安裝作業系統，如Windows或Linux才能安裝Hypervisor。
適用對象	企業	個人
特色	直接控制硬體，所以效能較高，是硬體級的虛擬化。	在作業系統上執行虛擬化的工作，相容性較好，但效能較低。
軟體	Virtual Iron VMware ESX / ESXi Xen	VMware Virtual PC / Server VirtualBox

前進

● 半虛擬化（Para-Vitualization）又稱為平行虛擬化。
● 虛擬層是對硬體或作業系統提供虛擬效果的軟體。
● 半虛擬化技術是伺服器虛擬化的主流。

虛擬層的任務是什麼

虛擬層的兩種型態Type 1與Type 2

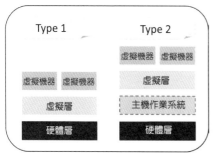

「虛擬層」的任務是為虛擬機器模擬出完整的硬體環境，及分配硬體資源給虛擬機器。

認識虛擬層

大型企業及中小型企業對虛擬化的態度

➢ 最受大型企業重視的虛擬化軟體平台依序是：
VMware (82%)、Xen (44%)及Microsoft (25%)。
➢ 最受中小型企業重視的虛擬化軟體平台依序是：
VMware (65%)、Xen (27%)及Microsoft (21%)。
資料來源：Blade.org(2009)

12 虛擬軟體實例─VirtualBox

Oracle VM VirtualBox是免費又開放原始碼的虛擬電腦軟體,由Oracle公司推出,讓使用者在個人電腦上模擬出其它硬體環境,相當於一台電腦可當多台電腦使用。若是選擇不同的作業系統,一台Windows系統的電腦就可同時當做Mac或Linux使用,而且不同系統的資料各自獨立,並不會互相影響,也非常適合測試不穩定或不安全的程式。

下載VirtualBox時必須同時下載主程式(platform packages)與擴充套件(extension pack),主程式約80MB,擴充套件為3.36MB,屬於輕量級的程式,消耗的硬體空間非常少。

VirtualBox可安裝在以下作業環境:

Windows   Linux

Mac OS X   Solaris

安裝完成後,要新增虛擬機器可利用工具列的「machine」、「new」產生,再利用系統光碟或映像檔建立虛擬機器的環境即可。用戶可選擇安裝不同的作業系統,且同樣的作業系統也可安裝一個以上。每個虛擬機器系統占有多少記憶體和硬碟空間都可以先行設定,當開啟虛擬機器時,這些空間會影響到操作表現。亦即用戶本身擁有的硬體配備較好,虛擬機器的效能也會較高。

建立完成後,虛擬主機會列在左側的一覽欄內備用,為了方便使用者快速轉換作業環境,可為虛擬機器建立捷徑,放到桌面待用。實務應用上,許多資料庫只適用於Windows環境,例如「台灣新聞智慧網」資料庫,「台灣日日新」資料庫等,但Mac使用者,只要透過VirtualBox在Mac上建立一台Windows虛擬電腦,就可以切換作業系統,解決無法使用的問題。VirtualBox還支援3D加速,即使在虛擬機器中玩遊戲也能非常流暢,很適合開發人員在不同的環境下測試軟體效果。

前進

○ 許多網路金融活動被限制在Windows環境下操作。
○ VirtualBox支援3D加速顯示。
○ VirtualBox的虛擬技術屬於全虛擬化。

為電腦安裝多套作業系統

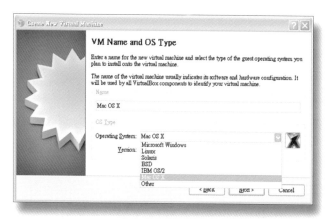

利用下拉選單挑選欲建立的虛擬作業系統及版本。

在Windows環境的電腦可建立多個作業環境。透過此管理介面,用戶
可在同一電腦上將Windows系統切換為Mac OS X系統或是Linux系統。

虛擬軟體實例──VirtualBox

13 分散式運算

　　雲端運算的一大特性就是用戶端不需具備強大的運算能力，也完全不必理會資料在何處及處理過程。這都仰賴分散式運算的資料處理方式。

　　分散式運算（distributed computing）就是讓許多遠端電腦同時分擔一項任務以節省時間。簡單舉例：原本需要100分鐘處理完畢的任務，透過100部電腦來運算，就只需1分鐘即可完成。由於許多伺服器只發揮低於百分之15的運算能力，因此可將伺服器虛擬出多台虛擬機器，再將各種任務切割成較小的子任務，哪一台虛擬機器有空，就將任務分配過去，讓每一台伺服器都能「盡全力」工作。

　　重點是這100部虛擬機器之間應如何分配工作？若各虛擬機器採用的是不同系統時應該如何溝通？若是不同等級的硬體又應該如何溝通？另外，運算的過程中要如何避免資料發生遺失，當電腦發生當機時工作應如何迅速調度？種種狀況都是分散式運算要面對的問題。

　　Google的搜尋引擎是典型的分散式運算的例子。Google擁有的伺服器達到百萬台的規模，其任務是比對網頁內容，將符合搜尋字串的網頁挑選出，並依照一定的規則列出先後順序。雖然使用者輸入的條件（搜尋字串及語言、年代等限制）不多，但網頁數量卻很龐大，如果單靠一台伺服器一一比對勢必曠日廢時，因此必須依靠分散式運算，利用大量伺服器共同進行才有辦法在極短時間內完成。

　　Google搜尋引擎要頻繁地處理不斷湧入的搜尋任務，但運算工作相對簡單，換言之就是數量龐大但難度不高，所以不需要超級電腦的運算能力，只需要大量個人電腦等級的伺服器即可達到要求。但另一種常被提及的運算技術——網格運算——則正好相反，下一節就將比較同屬分散式運算的網格運算（Grid Computing）。

前進
- 分散式運算是將任務劃分後交由不同電腦處理。
- 不同等級和系統的電腦之間的溝通是重要關鍵。
- 分散式運算的目的是要每台伺服器都盡全力工作。

分散式運算是眾電腦之力完成

分散式運算

約有12,200項結果，搜尋時間：0.13秒

分散式運算實例一：Google網頁搜尋能在1秒鐘內比對出符合檢索條件的網頁資料。

CPU使用率：3%

分散式運算實例二：BOINC集合了數萬台自願者的個人電腦，幫助各項研究計畫，讓需要數年才能計算完畢的數據在數個月內就完成。

電腦常未發揮全部運算能力

14 雲端運算與網格運算

　　雲端運算常與網格運算（grid computing）相提並論，其實兩者都是由分散式運算的概念所衍生，也就是透過網路，將一件任務分配給不同的電腦共同處理。

　　但網格運算出現較早，目的是讓不同等級或不同作業系統的電腦透過「通訊標準」得以互相溝通；這項技術是當任務超出本身能力時，可轉向其他伺服器取得幫助。由於需要得到授權以控制運算資源，所以這個架構是透過標準化協定讓異質伺服器互相合作，換句話說它是一個開放的架構。

　　例如同一校區內有各種等級的電腦並存，為了讓資源獲得充分運用，可透過網路將所有伺服器加入一個運算網格中，當某研究中心要進行大型運算時，再透過任務分配，把資料撥給網格內的閒置電腦，運算完畢後再回傳資料，我們也可以將這項技術看作是「將許多高效電腦組織起來，變成一台超級電腦」的技術。IBM、昇陽等公司是致力於網格運算的重要角色。

　　下方是雲端運算與網格運算的比較表：

	雲端運算	網格運算
擴充資源	個人電腦	高效能電腦
處理對象	簡單卻龐大的小任務	複雜不易運算的大任務
單次運算量	小	大
適用對象	一般大眾	科學研究人員
標準化	不同的雲端解決方案廠商各有不同的系統。例如：Amazon、Google和IBM的架構各有不同。僅Hadoop對外開放原始碼。	透過標準協定讓不同等級和系統的硬體得以互相溝通。
實例	Google 網頁搜尋	SETI@home尋找外星人計畫

前進
- 雲端運算和網格運算都是分散式運算的衍伸。
- 網格運算適合處理複雜的大型任務。
- 異質伺服器可透過標準協定互相溝通。

網格運算與雲端運算示意圖

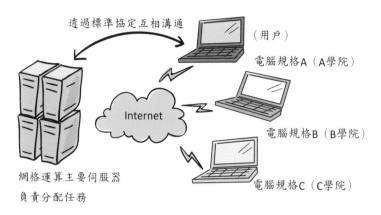

透過標準協定互相溝通

（用戶）

電腦規格A（A學院）

Internet

電腦規格B（B學院）

電腦規格C（C學院）

網格運算主要伺服器
負責分配任務

網格運算

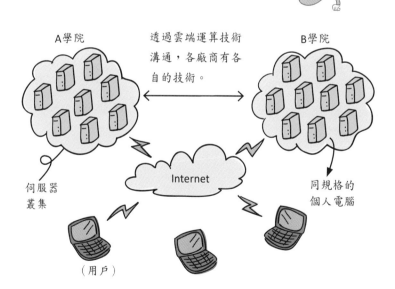

A學院

透過雲端運算技術
溝通，各廠商有各
自的技術。

B學院

伺服器
叢集

Internet

同規格的
個人電腦

（用戶）

雲端運算

雲端運算與網格運算

39

15 分散式運算實例─國立新加坡大學

　　一早的大學校園中，研究生們紛紛進入研究室，第一件事情就是把公用的和私人的電腦打開，即使收了信之後就要開始meeting，也不曾打算關機。而圖書館的電腦也一定先開機等待讀者查詢檢索。至於各系所的電腦室和計算機中心也都等著使用者上門。這些電腦都在耗電，CPU使用率卻不到百分之5，如果能將這些閒置電腦的運算資源集合起來，這股能力絕對相當龐大。

　　國立新加坡大學（NUS）是利用網格運算（grid computing）整合校內運算資源的實例。這項整合計畫的目標是建置一個資源共享的運算網格，稱為Cycle Harvesting Grid，意指能循環收成的網格。本計畫由2003年開始，初期階段僅有120台電腦參與測試，到了2004年國立新加坡大學與Singapore Computer System公司合作，發展出校園網格運算系統，稱為TCG@NUS，是Tera-Scale Campus Grid at NUS的縮寫。Tera-Scale是兆級運算之意，表示每秒數有兆次浮點運算（Teraflops）效能。之所以發展這套網格是希望整合校內運算資源，創造出等同高效電腦的運算能力。

　　時至今日，參與TCG@NUS的電腦／伺服器已經達到1,554台，參與者以圖書館、電算中心和理工領域系所為主。該計畫欲達成的目標是3,000台。除了校內學術單位（院、系）可以自願提供資源外，校內的師生也可以個人身分將自己擁有的PC或筆電貢獻出來，幫助他人進行研究工作。

　　加入運算網格的程序非常簡單，學術單位的電腦只須安裝一套軟體就可以成為該網格的一員，至於個人提供的電腦也只須按幾下滑鼠進行同意和設定程序就完成了，這樣才能鼓勵更多人願意貢獻資源。由於所有應用程式都會在「沙箱」（sandbox）（見68〈Google應用服務引擎(二)〉）的環境中執行，因此本地電腦完全不會被干擾，也沒有中毒或資料竊取的問題。

前進
- TCG@NUS是兆級運算系統。
- 整合校內電腦讓運算資源得以共享。
- 該校師生都可以申請參與或利用網格運算資源。

TCG@NUS的資源組成和運算效能

學術單位（圖書館、院、系、所等）	電腦 / 伺服器數量
Biochemistry	49
Business School	104
Central Library	107
Centre for English Language Communication (CELC)	20
Computer Centre	384
Department of Mathematics	120
Department of Physics	45
Faculty of Engineering	396
School of Computing	234
School of Design & Environment	77
Computer Centre Staff PCs and Others	18
Total	1554

Applications Performance on TCG@NUS Grid

The Cycle Harvesting Grid is most suitable for running data parallel and parametric study type of applications. Application areas include the Life Science/Bioinformatics Research, Financial/Statistical Computation and Digital/Image Processing and other Computational Science and Engineering research.

1. Image Rendering/Processing
   - Application software: POVRay
   - Render a 1024x768 pixel image by Mark Slone
     - Took one day and 20 hours to complete on a Dell 3GHz PC.
     - Took about 100 mins to complete on 100 computers in TCG@NUS.
   - **Speedup: About 20 times faster.**

2. Comparative Modelling of Protein Structures
   - Application software: Modeller
   - Run 9999 jobs consisting of protein sequences with about 200 amino acid residues
     - Took 42 days to complete on a 600MHz PC.
     - Took about 3 days to complete on 100 computers in TCG@NUS.
   - **Speedup: About 14 times faster.**

3. Protein Level Sequence Matching
   - Application software: tblast
   - 22K sequences have to be searched against 3,461,799 sequences
     - Estimated to take about a month to complete on a 16-CPU server.
     - Took 20.5 hrs compute time on TCG@NUS and 13 hrs reassembly time on a standalone PC.
   - **Speedup: About 20 times (320 times with reference to a single CPU).**

4. Large Scale High Accuracy Queue Simulation
   - Application software: own code
   - High accuracy numerical analysis for typical queues modeled as Markov chgins with infinite states.
     - Estimated to take about 100 days to complete on a desktop computer.
     - Took a few days compute time on TCG@NUS with about 500 computers connected actively.
   - **Speedup: About 20 times (312 times for some jobs).**

資料來源：Computer Center, NUS

16 分散式運算實例—BOINC

BOINC的全名是Berkeley Open Infrastructure for Network Computing，係由美國加州大學柏克萊分校所發展的分散式運算平台，目的在整合全球的運算資源支持科學研究。所謂的「運算資源」事實上是廣邀自願者提供個人電腦，透過網路參與感興趣的研究專案（project），目前可參與的領域包括：

- Cognitive science and artifical intelligence
- Mathematics, computing, and games
- Astronomy/Physics/Chemistry
- Earth Sciences
- Biology and Medicine
- Multiple applications

自願者須先由網站下載BOINC軟體到個人電腦上，安裝完成後就可挑選想參與的專案。截至2011年7月18日，BOINC共擁有超過30萬位自願者、40餘萬台電腦的支持，相當於平均每24小時即提供5,000TeraFLOPS等級（註）的運算能力。

BOINC的專案伺服器會先將一項大的任務拆成數個小型任務，稱為Work Unit，然後再對參與者的電腦下達運算指令，當電腦完成運算後再將數據回傳至原伺服器。為了避免錯誤，一項工作會分配給數個參與者以確保數據正確。透過BOINC平台，原本需要超級電腦才能計算的數據，現在藉著數以萬計的個人電腦得到讓人滿意的速度和結果。

BOINC軟體只在電腦閒置時才開始工作，例如當螢幕保護啓動時才接手，並不會影響正常使用。參與BOINC的自願者可在BOINCstats查詢個人的貢獻「積分」，它用以表現每個人的貢獻度，除此之外還可查詢團隊或一國的貢獻度。台灣志願者以「BOINC@Taiwan」作為團隊名稱參與合作計畫，在92,593個團隊當中，貢獻度排名為第19名（2011/07）。

註：FLOPS=每秒峰值速度，TeraFLOPS=每秒1萬億（=10^{12}）次的浮點運算能力。

前進

○ BOINC的專案常以「@home」命名。
○ Windows、Linux、Mac和SPARC Solaris系統都可參與。
○ 目前加入BOINC的電腦數目達到50餘萬台。

BOINC專案歡迎非專業者提供電腦參與活動!

BOINC軟體只在電腦閒置時才開始工作

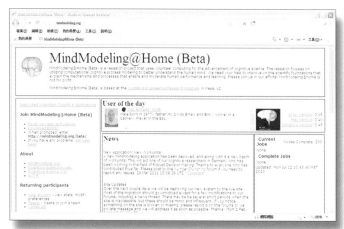

對地球以外的生命感興趣?Einstein@home是由美國LIGO和德國GEO600所發起的計畫,目的在尋找和分析來自外太空的數據。加入它,你就可以幫助科學家找出更驚人的太空訊息!

BOINC專案的發起人可以是個人(individual)、科學家(scientist)、研究聯盟(consortium)、研究機構(Research institute)……等。

17 Google搜尋技術(一)

　　討論雲端運算就一定會舉Google為例。過去只要提到「搜尋」就會讓人聯想到「一群人在網路上丟出一堆字串給同一台伺服器處理」的畫面，例如圖書館館藏查詢系統，即使派出大型伺服器負責處理，也會因為同時面對過多任務而減緩速度，這是因為大型伺服器適合運算較為複雜且龐大的任務。而為數眾多卻簡單的小任務只要多台個人電腦來處理即可，這就是Google自行發展出獨特分散式運算模型的由來。

　　使用者每輸入一組搜尋字串，Google就要檢視數十億個網頁，找出相符的網頁，而且結果都在一秒鐘內回傳，這是Google透過三個核心技術的運算成果：1.Google File System（Google檔案系統，GFS），2.BigTable物件資料庫，和3.MapReduce演算法。

　　Google File System是由數百個叢集（cluster）組成，每個叢集有多達數千台伺服器。這是一種分散式容錯檔案系統，主要任務是存放全球的網頁、影片內容、照片、Email和Google地圖等資料。進入GFS的檔案會被切割成64MB左右的資料塊（chunk），並分別放在三台稱為chunkserver的伺服器內，當chunkserver發生問題時，主伺服器（master server）就會將資料複製到另一個chunkserver上，換句話說我們也可以認為Google選擇以「機海戰術」、「多重備份」來預防資料發生問題，當某台伺服器出現問題，另外的伺服器會立刻接手。

　　BigTable原意是「大型資料表」，它是負責管理GFS的機制，屬於分布式資料儲存系統，它可管理分布在數千台伺服器上的巨量資料，好比是一張超大型資料表，表上載明了各伺服器上所有的資料，包括Google地球、Gmail、Google Reader、Google 地圖以及YouTube等。由於採用Key-Value資料架構，具有水平擴充的能力，只要空間不足就能立刻增加資料庫。而它的儲存量屬於PB等級（註）。

註：PetaByte為1000TB或1,000,000 GB。

前進
- BigTable大表格又被稱為「大表哥」。
- Google採用上百萬台個人電腦等級的伺服器。
- 分散式運算讓個人電腦產生超級電腦的效果。

Google搜尋能在不到一秒鐘的時間內產生結果！

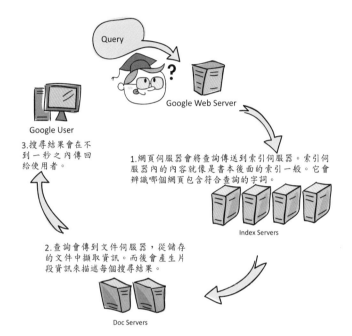

Google利用機海戰術克服異常狀況

Query

Google Web Server

Google User

3.搜尋結果會在不到一秒之內傳回給使用者。

1.網頁伺服器會將查詢傳送到索引伺服器。索引伺服器內的內容就像是書本後面的索引一般。它會辨識哪個網頁包含符合查詢的字詞。

Index Servers

2.查詢會傳到文件伺服器，從儲存的文件中擷取資訊。而後會產生片段資訊來描述每個搜尋結果。

Doc Servers

資料來源：Google技術總覽。
http://www.google.com.hk/intl/zh-TW/corporate/tech.html

Google自行發展的分散式運算技術

	說　　明
GFS	儲存系統，用以儲存網頁等超大型資料。
MapReduce	一種演算法，用於資料分析。
BigTable	分散式資料庫，GFS內的資料經過MapReduce運算後成為巨型資料表，內有成對的key-value，便於快速讀取。
時間順序	當搜尋者送出搜尋字串後，Google並非此時才開始搜尋及分析資料，而是前往BigTable讀取那些早已分析完畢的數據，再依相關程度顯示在搜尋者的螢幕上。

18 Google搜尋技術(二)

至於**MapReduce**是一種演算法，包含Map和Reduce兩項功能。**Map**先將大資料拆成有規律的小資料；所謂的「規律」是將資料以Key-Value格式備用，也就是假設現有10億份網頁資料，先以Map計算網頁上每個字出現的次數，如果butterfly出現1次，就以（butterfly,1）這種（key,value）格式表示。而**Reduce**則是彙整，指彙整所有相同的key並總計它們出現的次數。

簡言之，Map好比各地開票所，僅須負責計算少量數據，而Reduce則好比中選會統整各地數據，再將結果送回主伺服器進行公佈。MapReduce的精神就在於無需將所有的選票搬運到中選會去計算，讓各地分別處理完畢再回傳數據反而更有效率。然而與GFS相同的一點是任何資料都儲存在多處，即使發生當機等問題，還有其它的伺服器會接手未完成的工作。

以上描述會讓人們以為Google搜尋結果的排序是仰賴搜尋字串出現在網頁的「次數」，事實上Google還輔以PageRank™技術以決定網頁重要程度。**PageRank**（PR）又稱為「網頁排名」、「網頁級別」，是由Google創辦人之一的賴瑞・佩吉（Larry Page）所發明，PR會給予每個網頁1到10的評分，分數愈高表示該網頁愈重要。

佩吉認為當網頁A連結到網頁B時，表示網頁A投了網頁B一票，類似SCI和Scopus資料庫中「引用」（cite）的概念，表示網頁B是「重要的」。但如果網頁A本身屬於重要性較高的網頁，那麼它的一票也會占較大的權重。

歸納得知，GFS是一個儲存大量資料的空間，透過MapReduce的分析運算後，資料被記錄在BigTable的超大型資料表內，當搜尋者送出搜尋字串後，Google會將這些字串與BigTable內的Key進行比對，然後再依據相符的程度和網頁重要性，客觀地將資料快速呈現給搜尋者。

前進

○ Map如同開票所，Reduce如同中選會。
○ Google將搜尋字串與BigTable內的Key做比對。
○ Google利用Web Crawler抓取各種網頁。

許多瀏覽器皆可利用Page Rank評估網頁重要性！

Page Rank技術可減少人為干預

pageRank是Google對此網頁的重要性評估

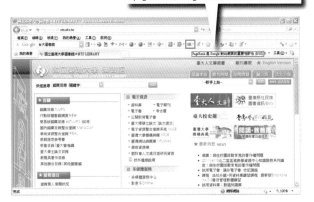

IE上的Google Tool Bar可讀取Page Rank資料

Chrome及Firefox瀏覽器可下載PageRank外掛套件

當我們輸入搜尋字串後，Google是前往BigTable調閱分析後的資料，而不是這時才開始分析網頁資料。

19 Hadoop技術簡介

Hadoop是Apache軟體基金會所發展的雲端運算技術，使用Java語言撰寫並免費開放原始碼，提供大規模分散式資料處理環境，優點在於有良好的擴充性，部署（deploy）迅速，同時能自動分散系統負荷。

Hadoop技術多被用於建立搜尋索引及對處理記錄進行分析，一般來說，它對SaaS層級的應用較有幫助。Hadoop係由三個子系統組成，其技術分別來自Google發表的Big Table、MapReduce和Google File System。這的三個子系統是：

Hadoop Distributed File System：分散式檔案系統的技術來自Google File System，是一種儲存系統。儲存在此的資料雖然相當龐大，且被分散到數個不同的伺服器上，但透過特殊技術，當這些資料被讀取時看起來就像是連續的檔案一般，使用者完全不會察覺資料是被零散儲存著。

HBase：分散式資料庫技術來自Google的Big Table；其功用與BigTable相同，亦即將外來的網頁資料在經過分析之後，會以欄位格式儲存在許多被稱為「節點」（node）的伺服器中。

Hadoop MapReduce：技術來自Google MapReduce，是一個分散式運算環境；Map是「劃分」也就是將一個任務拆成多個子任務進行運算，Reduce是「化簡」，是指將運算結果重新組合、建立索引後再送回節點。

HBase和Hadoop MapReduce都架構在HDFS上，形成一個運算平台。同樣地，Hadoop對處理PB等級的資料具有優勢，目前已經採用Hadoop環境的知名企業有Adobe、Amazon、AOL、Facebook、The New York Times、Twitter和Yahoo等。如果要處理的資料並不複雜也不龐大，那麼利用Hadoop反而見不到成效而多此一舉。

前進
- Hadoop是Apache軟體基金會的開放原始碼計劃。
- 分散式處理技術適用於PB級的資料量。
- 平行運算可利用大量PC取代server以節省成本。

Hadoop 是一個開放原始碼的計畫

Google File System	BigTable	MapReduce
↓	↓	↓
Hadoop Distributed File System	HBase	Hadoop MapReduce

Google分散式運算技術與Hadoop技術的對應

垂直擴充（Vertical Scaling）：直接提高現有伺服器的運算能力。

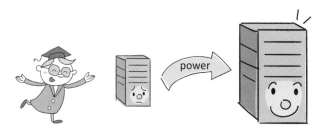

水平擴充（Horizontal scaling）：
增加同等級電腦的數量，藉此提高運算能力。

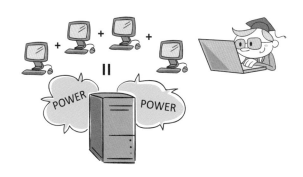

提高運算能力的兩種方式。

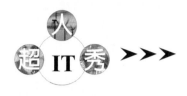

沒有網路的日子就像在
坐牢網路發明人
伯納斯・李

　　雲端的基礎就是網路，若沒有
網路，所有的設備就像一座一座孤島。而讓所有設備能相連的全球資訊網
（World Wide Web）發明者伯納斯・李（Sir Timothy Berners-Lee）正是把世
界變平的大功臣。

　　伯納斯・李於1955年生於英國倫敦，父母都是數學家，1973年伯納
斯・李進入牛津大學物理系就讀，畢業後進入位於瑞士的歐洲核子研究組織
CERN（European Organization for Nuclear Research）擔任軟體工程師。1989
年他提出了一項計畫，展示如何透過超文件（hyper text）讓資訊在網路上
共享。而第一次架設、同時也是世界上第一個架設的網站正是http://info.
cern.ch/，內容是關於網際網路的發展歷程和相關訊息，而這個網站是在
NeXT電腦（後被蘋果收購）上架設的。

　　1994年，伯納斯・李成立了World Wide Web Consortium（W3C，全球
資訊網協會），直到現在每隔一段時日就要修訂新版HTML標準（見第21
節）。不過最近伯納斯・李提出一個想法：如果能夠重來一次，他一定不會
在制定URL格式（http://）時放入那兩道斜線（slash）了。

　　伯納斯・李獲獎無數，曾被Time雜誌在評選二十世紀百大人物，被人
們稱為「網際網路之父」，也曾受英國女王伊麗莎白二世封為爵士，因此他
的名字前會冠以Sir的爵號。目前伯納斯・李任職於美國麻省理工學院，擔
任教授一職，繼續從事網際網路的研究工作。

Part 2
雲端的現在和未來

Cloud

第3章
網路世界由此進
圖 說 雲 纖 維 運 算

20　瀏覽器就是作業系統

電腦從開啟電源到可供使用，中間會有超過1分鐘以上的等待時間。有研究指出：如果開機時間超過2.5分鐘，通常就會被使用者認為到了忍無可忍的程度。

這漫長的開機時間是用來啟動作業系統（operating system）的時間，而作業系統是用來控制電腦軟、硬體資源的程式，沒有作業系統則軟硬體都會不聽使喚。

然而愈來愈多軟體都雲端化了，例如Outlook電子郵件可以改由Gmail收發、MS Word文書處理可以改由Google 文件撰寫，要欣賞照片也上Picasa瀏覽；換句話說，我們的電腦只需瀏覽器（browser）就可以完成許多工作，根本不需要在用戶端安裝這麼多離線軟體，這也是Google為何會提出「瀏覽器就是作業系統」的理由。

要讓「瀏覽器就是作業系統」成功的前提與網路的速度和穩定度，以及雲端工具的多樣化和資訊安全無虞有關。市面上有許多瀏覽器可供選擇，常見的瀏覽器有：Internet Explore、Chrome、Safari、Firefox以及Opera。其中有些可以自訂外觀、或速度飛快、或相容性高、或具有強大的擴充功能，可外掛許多套件，有些則有較高的安全性。

Google本身提供了多種SaaS雲端工具，以Google或iGoogle作為首頁就可以看到簡潔的工具列，相當於桌面上陳列各式軟體一樣。Chrome瀏覽器不論是啟動或是新增分頁都是目前速度最快的瀏覽器，尤其它可同時開啟數百個分頁（tab），若以每個分頁可以執行一種雲端服務來計算，等於可以同時執行數百套應用軟體，即使某個分頁被凍結，也不會影響其他分頁的執行，這是一般瀏覽器無法做到的特點。

選擇瀏覽器做為用戶端和雲端的介面有個極大的優點，即它可以跨越裝置限制，不論電腦或手機，只要有瀏覽器就能享受雲端服務。

前進

● 瀏覽器是連結使用者與雲端軟體的介面。
● 網路的速度和穩定度是雲端服務品質的要素。
● Chrome瀏覽器可同時開啟數百個分頁。

Chrome的「分頁」相當於IE的「索引標籤」

Chrome可同時開啟數百個分頁，若
每個分頁執行一種任務，就等於同
時開啟數百套軟體，這是一般個人
電腦辦不到的。

分頁

簡潔的工具列

Chrome瀏覽器

瀏覽器就是作業系統

Safari 瀏覽器

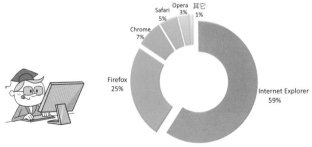

瀏覽器市占率（數位時代，2010/06，p.224）

- Safari 5%
- Opera 3%
- 其它 1%
- Chrome 7%
- Firefox 25%
- Internet Explorer 59%

21 即將問世的HTML5

　　HTML是HyperText Markup Language（超文件標示語言）的縮寫，它並非應用程式，但作用是透過各種「標籤」（tag）對瀏覽器下達命令，讓瀏覽器顯示出文件的內容（content），也就是我們看到的「網頁」。

　　要利用HTML語言編寫網頁必須依循一定的規則，才能讓指令（如字體、背景、跑馬燈、音樂）發生效果。雖然現在有許多工具能幫助不懂HTML語法的人輕鬆製作網頁，如FrontPage及DreamWeaver，但它們原則上都是遵照HTML標準在幕後組織使用者的命令。由於網頁都是依照一定的標準所撰寫，因此只要透過瀏覽器即可跨平台使用，不論透過電腦或行動裝置都可讀取。

　　然而隨著網路科技迅速發展，全球資訊網協會（World Wide Web Consortium，W3C）每隔一段時日就必須修訂新版的HTML標準以符合實際需求，HTML5標準目前仍是測試版，預計將在2014年公布正式版。

　　當HTML標準發生變動，瀏覽器也必須隨之升級才能完全發揮新功能。假設新標準制定出更多影片標籤和聲音標籤，但唯有瀏覽器能夠支援，這些特殊效果才能順利被播放。我們常在網頁上看到這樣的文字：

　　「建議使用IE 8/Firefox 3/Chrome，並將螢幕解析度設定為1024×768，以獲得最佳瀏覽效果。」

　　就是指不同版本的瀏覽器能提供的顯示效果不同，例如早期版本的瀏覽器可能無法顯示閃爍的效果。

　　而HTML5具有跨平台和跨裝置的特點，利用HTML5編寫的應用程式亦然，理論上，即便消費者在Windows Phone Marketplace下載一個App，它也可以在Android手機和iPhone上運行無礙。但實務上還有其它商業細節需要討論。HTML5也會引起許多革命性的變化，例如對Adobe Flash的影響等等，後續效應有待正式發表後再觀察。

前進
- 瀏覽器能判讀HTML語法並依指令顯示內容。
- 第四版的HTML標準是1999年所修訂。
- HTML具有跨平台的特性，讓資源共享更簡單。

HTML並非應用程式，功能是對瀏覽器下命令！

瀏覽器的版本會影響網頁呈現的效果

想知道目前所使用的瀏覽器在顯示HTML5網頁時能否產生最好效果？只要登入此網頁，就會自動進行相容測試並得知各項評分和總分喔。
網址：http://html5test.com/index.html
受測瀏覽器：Chrome 10.0.648版

即將問世的HTML5

57

雲端作業系統簡介

以瀏覽器完全取代作業系統目前仍言之過早，所以Google推出了Chrome OS，它是Chrome瀏覽器的延伸，是一種輕型電腦作業系統。採用Chrome OS做為作業系統的小筆電（Netbook）經過測試，開機時間僅需短短7秒，而這將會改變很多人的習慣。一般人若僅有5-10分鐘空閒時間，多半不會選擇開啓電腦，這是因為開機時間太長，不如選擇閱讀雜誌或用手機上網；但如果開機時間縮短為7秒鐘，那麼情況就會立刻改觀。Chrome OS和Android最適用的對象是小筆電和平板電腦這類不強調硬體本身運算功能的裝置。

Chrome OS除了開機快速，本身也與Google的雲端服務緊密結合，此外用戶可在Google Web Store取得各種應用程式，相當於瀏覽器的外掛套件，雖然多為雲端軟體，但也有可支援離線使用的軟體。

除了Chrome OS之外，EyeOS等也是常見的作業系統。但與Chrome OS不同的是EyeOS並不安裝在個別電腦上而是安裝在遠端伺服器，而且還附加多種軟體管理和軟體開發功能。換句話說，任何電腦或行動裝置只要透過瀏覽器就可以登入虛擬桌面，存取遠端伺服器的資料。這對於企業組織也相當有助益，因為它可將企業內部的資源雲端化，提高中央運算能力，精簡個人電腦負荷。

與EyeOS相仿的還有CorneliOS，它是一種網頁桌面環境，本身即提供多種應用軟體，還內建內容管理系統（CMS），同時亦支援多帳號管理（Multi-account management）。

另一項頗受好評又無需安裝的雲端作業系統是Glide OS，它提供30GB免費儲存空間，用戶只需註冊一組帳號就可以管理6個子帳號並可以設定兒童分級，此外亦可付費升級：例如4.95美元/月則升級為250GB。利用Firefox、Safari或Chrome、IE等瀏覽器即可登入。

前進
- 瀏覽器就是作業系統已證明可行。
- 瀏覽器所連結的工具可視為各式軟體及Apps。
- 允許多帳號登入的網路桌面適合團隊工作。

遠端桌面指架在他處的作業系統當做自己的桌面使用！

許多雲端作業系統內建多套免費軟體

Chrome OS筆電

Glide OS主畫面有許多應用程式可選用
Glide OS的Glide Write類似MS Office的Word

Glide Write

23 網路創意推廣平台

提供網路服務的公司也有實體展覽可推廣產品特色。始於1990年的美國DEMO Conference是最知名的管道，每年於春、秋兩季在加州Palm Desert各舉辦一次。華語文區則有中國的DEMO China（創新中國）及台灣的IDEAS。

由經濟部推動、資策會執行的創意發表平台——IDEAS分為IDEAS Show（網路創意展）和IDEAS Expo（網路創意博覽會）兩大活動，只要是具備創新、商業價值的網路服務都可以報名，獲得向外界介紹新網站（website）、平台應用服務（apps）或是大型網站服務的推廣機會。

不論是美國的DEMO或是台灣的IDEAS都提供6分鐘上台發表時間以及會場展示攤位，透過這些曝光機會，各種新點子都可直接面對記者、世界各地的創投公司或大型企業，爭取資金挹注和洽談合作事宜。

Google、Yahoo、Skype、Salesforce當初都參加過美國的DEMO，現在也都成為全球重要的網路企業，這些企業也搖身成為投資人，在DEMO和其他管道尋找有潛力的產品。至於參加過台灣經濟部主辦的IDEAS的則有funP、地圖日記和愛評網等，其中以Google Maps為標誌圖資來源的地圖日記還得到美國DEMO People's Choice Award票選冠軍。

除了資金挹注之外，許多新創公司也會被大型企業收購，例如被Google收購的Picasa就是在DEMO中被相中的，Oddpost被Yahoo收購、TurnTide則被賽門鐵克（Symantec）收購，只要有好的點子和獲利模式，不妨透過實體管道尋求發展機會。

天使投資人	有財力的個人對看好的新創公司進行投資。
創投公司	募集資金後由專業人員尋找具潛力的新創公司進行投資。
企業投資部	隸屬企業眾多部門之一，旗下專業人員負責尋找及評估投資機會。

- 網路創意展示會是與國際市場接軌的實體管道。
- IDEAS及DEMO都有六分鐘口頭發表時間。
- 提高曝光率及發聲管道是新創公司重要的機會。

好創意是成功的開端，實體展覽讓好創意有發聲管道！

美國DEMO和台灣IDEAS是新創公司平台

DEMO於春、秋兩季各舉辦一次。

IDEA Show提供每組6分鐘的說明時間。

24

80/20法則在雲端

　　80/20法則是1897年義大利經濟學家帕列托觀察到的社會現象：百分之20的人擁有全國百分之80的財富。現實生活中還有許多與此相符的比例，例如百分之80的工作是由百分之20的人所完成，圖書館中百分之20的館藏足以滿足百分之80的讀者。這種現象稱為帕列托法則（Pareto Principle），又被稱為80/20法則。

　　對管理者來說，由於資源有限，要達到最大效益就應該把資源用在能產生最大利益之處，對企業來說，由於百分之80的獲利來自於百分之20的重要客戶，所以盡力滿足這些關鍵客戶比滿足其它百分之80的客戶還重要，也因此這個法則又被稱為最省力法則。

　　但是雲端產業的出現慢慢打破這樣的規則，因為雲端服務大大降低了交易成本。例如過去圖書、唱片一旦不再暢銷，就會落得下架、絕版的命運，但電子書和線上歌曲卻讓亞馬遜和Apple iTunes不必下架任何商品，而繼續保持獲利，靠的正是低廉的網路平台管理成本。

　　再以Google為例，眾所皆知Google的獲利絕大部份來自廣告收入，但依據Kantar Media 2011年的報告指出，2010年第4季對Google投入最多廣告費的廣告主是亞馬遜，前10大廣告主每年投入的金額約9億美元，相對於Google一年獲利為230億美元可知，Google的廣告主相當分散（Business Insider, 2011），不論是購買關鍵字廣告（AdWords）的廣告主，或是投放廣告於各網站（AdSense）的廣告主，對Google而言都十分重要，而不偏重於幾個大客戶。網路廣告不但能大量降低實體成本和其他交易成本，Google AdSense甚至以「把廣告嵌入Google及其他各網站、部落格」作為擴散的途徑，因此可將觸角伸得更廣。

　　追根究柢，雲端產業雖然打破了過高的交易成本，但打不破的是「好東西才有市場」的真理。

前進

○80/20法則是義大利經濟學家帕列托所觀察到的現象。
○將有限資源投入最能獲利之處是其精神。
○Google一年獲利約230億美元。

「錢要用在刀口上」正是最省力法則的精髓！

廣告收入讓Google，企業和使用者共同獲利

80/20 法則在雲端

在整個網路上刊登 Google 提供的廣告來宣傳您的業務

試用 AdWords »

- 廣告無效不收費用。要有人按下您的廣告才必須付費。
- 在適當的時機向潛在客戶顯示廣告。當他們正在瀏覽網頁或閱覽相關主題的內容時，就是最佳良機。
- 用方法簡單且易於管理。Google AdWords 會從數十萬個網站中挑選最適合您的網站，並自動在這些網站上刊登您的廣告。
- 立即申請。手續非常簡單！只要花幾分鐘，您自己就可以完成申請。不需綁約，也沒有最低消費限制。

您的網站上刊登 Google 提供的廣告來賺取收益

試用 AdSense »

- 在您的網站上刊登目標明確的廣告來賺取收益。
- 配合您網站的外觀和風格來自訂廣告。
- 利用線上報表來追蹤成效。
- 這項服務完全免費！

63

25 長尾理論在雲端

長尾理論（The Long Tail）是2004年'*Wired*'雜誌總編輯Chris Anderson所提出，強調不要忽略慢銷品的獲利。他觀察到許多產品在開始推出的階段銷售最多、效果最好，即使需要付出較多成本也能獲得高利潤，他稱這個熱銷階段稱為「頭部（head）」，但隨著時間遞延，銷售的曲線急遽下滑，須要付出的成本卻沒有改變，相形之下利潤也急遽下滑，很多商品就會在此時開始下架，本階段則稱為「尾部（tail）」。

但是事實上商品到了尾部階段仍有銷量，只要時間拉長，尾部的面積（亦即獲利）就能等於、甚至大於頭部，重點是如何降低商品上架的成本。以圖書銷售為例，出版社除了須要負擔商品的印刷、運送成本，商品本身也需要展示空間來擺放，如果一刷銷售完畢，還需要評估是否有再刷的價值。

就在這樣的掙扎之下，許多冷門但有價值得商品會因為「慢銷」的特性得不到面市的機會，因為一旦生產製造就一定發生庫存而提高管銷成本，結果造成創作者的靈感和智慧無法得到實現，消費者也無法選購更多樣化的商品，追根究柢，這都是對成本考量妥協的結果。

如今這個問題得到了解決，透過線上商店我們可以購買數位出版品，不用運送費用，沒有庫存困擾，同時也不占空間，即使是實體商品也能用更低廉的成本在網路上得到更多曝光機會，例如網路商城、網路拍賣等活動。軟體開發人員也可在Google App Engine或是微軟Azure這類開發平台開發各種軟體，或是經營Web 2.0網站，要負擔的成本比起實體通路便宜許多，讓此類「微型創業」獲得聚沙成塔的經濟效益。

但與80/20法則相同的結論是，不論實體成本和交易成本有多低，關鍵在於產品本身須具有吸引力，否則端看App Store裡琳瑯滿目的免費Apps就知道僅靠免費是不夠的。

前進

- 長尾理論強調不要忽視慢銷型商品的獲利能力。
- 數位科技讓交易成本變低，點子變商品的機會也增加。
- 數位出版品僅免去實體費用，稿費和管銷費用不變。

長尾理論得以成真的關鍵在於降低成本

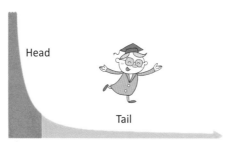

長尾理論示意圖

iTunes Store可線上購買數位影音產品

Amazon是全球最大的網路零售商

26 什麼是Web 2.0？

傳統網站的資訊傳遞是單向的，例如政府網站、購物網站或是國際會議的官方網站，站內資訊是由網站管理員提供，一般人是站在「閱覽者」的角度「接收」內容，即使這些網站設置了聊天室、BBS，也多用來支援網站主題，到訪者的發言僅是配角而非主角，而這類型的網站是屬於Web 1.0時代的模式。

但隨著Mobile01、Facebook的發展，管理者本身已不再擔任主要內容供應者的角色，而是提供眾人發表意見的空間，換句話說，網站內容是由「眾人」自由發表，管理者僅負責技術支援和管理工作；這類型的網站也就進入了人們口中所謂的「web 2.0」時代。

同時，隨著架站成本下降，以及儲存空間和網路頻寬的擴大，用戶不但可以發表文字，還可以發表照片和影片，異於以往Web1.0時代用戶僅能留下簡短的文字訊息。可以想見此時的網路內容可謂百花齊放，許多達人、素人歌手都得到發表的舞台，成為耀眼的明星。

而這股「人人皆是主角」的潮流推動了社群活動的活躍，甚至變成可產生商業利益的經濟活動；例如我們熟知的Skype就是從社群活動開始，先讓聯絡人透過網路免費線上視訊聊天，然後再延伸服務，讓會員可選擇以低於電信業者的費率撥打市話、手機。

愈有人氣的網站愈能吸引廠商的目光，除了廣告收入之外，還可以發行虛擬貨幣或是其它服務產生商業利益，因此衝高造訪人次和停留時間是很重要的目標。然而造訪人次和系統負荷成正比，突如其來的高成長會造成瀏覽不順暢、當機，拖累使用者感受，因此當流量有不斷上升的趨勢，網站管理者也應該事先預測並做好準備。

前進

- Web 2.0是以社群網絡為核心的服務平台。
- 網站管理者不再擔任資訊提供者的角色。
- 某些網站的造訪人次有淡旺季之分。

Web 1.0到Web 2.0的變化

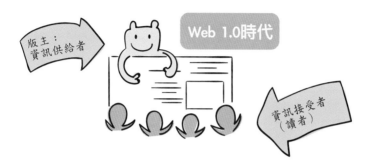

版主：
資訊供給者

Web 1.0時代

資訊接受者
（讀者）

版主：管理人

Web 2.0時代

資訊供應者

美國國會圖書館宣布將收藏推特（twitter）自
06年3月開站以來的所有公開訊息。

什麼是Web 2.0？

27

迎接Web 3.0時代

Web 3.0是針對Web 2.0而提出的新概念，由於網路的效能不斷提高，使用成本不斷降低，其結果就是由使用者產生的內容（user generated content）不斷擴張，而品質卻嚴重低落。

因此在Web 3.0的時代，篩選（curation）就變得非常重要。而篩選的依據並非由「新聞局」這樣的角色來干涉，而是經由貼近個人習慣、偏好的過濾方式，將個人想看到的、願意看到的資料篩選出來。例如我們的Facebook好友可能從數十人到數千人不等，但真正密切交流對象可能不到十人，因此各個平台必須透過篩選機制，精選出放在主頁的重要內容。這些則必須仰賴網頁中的詮釋資料（metadata），標示出網頁的屬性和內容，讓網頁資料比Web 1.0和Web2.0時代還易於判讀，

此外，由於行動通訊的普及，上網地點由定點改為不斷移動，用戶所到之處附近的朋友、商品、展覽、餐廳、醫院等都可能是用戶需要的資訊，因此Web 3.0時代所接收到的訊息將是與周遭有關的動態（dynamic）內容，而這些內容還能與其他功能互相整合，例如朋友動態、地圖資訊與交易機制。

要讓不同的功能互相整合，首先要解決的就是帳號的問題。每個人在社群網站、銀行、部落格和購物網站上都有不同的帳號，現在已經開始有網站直接可用Google、Facebook的帳號登入，將來各個帳號整合為一是可以預期的。

其實不論是Web1.0、Web 2.0或是Web3.0都不是互相排斥的，也沒有孰優孰劣之分，不同的企業、個人自有不同的需求。以數位博物館為例，當我們要瀏覽館藏文物時，一定是由館方提供內容，我們扮演單純的閱聽者，也就是Web 1.0的模式。

前進
- Web 1.0、Web2.0和Web 3.0的適用對象不同。
- 行動通訊讓資訊交流變得更為動態而個人化。
- 單一帳號有助於節省申請和認證時間，廣納四方客。

資訊氾濫的年代，必須有適合的篩選機制為個人過濾資訊！

網站的形態需視服務內容和對象而定

許多網站可直接援用其他服務帳號登入，將來多帳號的情況可望慢慢單一化。

博物館類型的網站仍以Web 1.0型態，也就是用戶站在閱聽者的角度使用網站為主。

Web 3.0時代篩選變得非常重要！

28 全方位的雲端培訓課程

　　雲端產業的前景可期，想要投身於此的人更不少，除了成為IT人才之外，如何運用雲端服務為企業創造利潤也是一項被看重的能力。除了企業這類營利單位之外，非營利單位也需要能提高營運績效的雲端服務和人才。因此，許多機構開始提供各種培訓課程，讓資訊及非資訊領域的人都可以藉此得到雲端產業的入場券。

　　提供雲端相關訓練的機構包括：資策會資訊技術服務管理（ITSM）系列課程、Google的「雲端服務中心」課程，和Global Knowledge（全球知識培訓）提供的IT及企業培訓課程等。各機構設計的課程各有特色，資策會的「雲端雲算課程主題館」就有超過十種以上的雲端課程和認證可供選讀，內容包括雲端架構建立、專案實務、資訊安全、標準結合和企業建置等。

　　再以Google提供的課程為例，由於「在創新與快速變動的時代趨勢下，企業亟需要一位熟悉策略、企劃、市調、行銷、公關、雲端、社群於一身的水平整合人才」，「企業導入雲端服務需要階段性與時間性，相對地，協助企業導入雲端應用服務，也需要具備專業知識與能力的顧問協助架構與建議」；Google.net.tw雲端服務中心正是扮演「協助企業進行『雲端架構師』種子培訓」的角色，雲端架構師不需要懂程式，其任務是「協助中小企業部署與導入各種不同的雲端應用服務」及「進行客製化的雲端應用設計」。

　　依據Google調查，台灣每100個中小企業需要1位雲端架構師，若以全台約有百分之10的企業會導入雲端技術來看，台灣至少需要600位架構師。目前這項課程僅接受個人報名，培訓費用為2萬元台幣/年，受訓期滿可取得「助理雲端架構師」資格，但每年皆須持續參與認證。

前進

- 雲端架構師需要企業知識以規劃雲端架構。
- 導入雲端服務前必須具備理解和規劃的能力。
- 台灣至少有600位雲端架構師的需求量。

每100個中小企業需要一位雲端架構師，台灣至少需要六百位架構師！

雲端產業吸引IT與非IT背景人才競相投入

全方位的雲端培訓課程

「雲端架構師」參予條件只要懂得電腦開機與
中英文輸入打字（字數不限）即可，其他專業
的雲端服務知識將由完整的教育訓練計畫提供
培訓。
資料來源：Google http://user.gooqle.com.tw/

29 站在雲端上的SOHO族

　　雖然很多人僅把網路視為娛樂的工具，或是廣告的媒體，但也有許多人利用網路幫助副業發展，甚至直接依賴網路作為主要工作。常見的網路SOHO族包括了以下類型：

　　文字創作：例如時勢觀察家、科技觀察家或旅遊探險家等專業作品可以刊登在部落格或網站上，吸引眾人瀏覽。千萬別以為讓人閱讀免費文章是無利可圖的行為，要知道知名部落客的代言費和廣告收入是很豐碩的。此外，翻譯、為人捉刀執筆的工作也很常見。自從Amazon Kindle帶動電子書熱潮之後，許多出版平台都很樂意協助作者出版著作，並上架販售，例如PUBU和Lulu.com。

　　藝術創作：網頁設計、插畫方面的接案類型也是受歡迎的項目。另外，日本還有許多攝影師和藝人會將自己拍攝的照片刊登在網路上，供眾人付費下載，作為電腦桌布或手機桌面。另外，像亞馬遜集團期下的CreateSpace不只可以出版電子書，還接受音樂、影片等影音作品。

　　軟體開發：具有軟體開發能力的人一定對於兼職甚至專職開發躍躍欲試，不但可以承接委託案，也可以自行發揮創意，將App上架販售。

　　教學：以前找家教或是當家教，一定會特別注意「上課地點」，最好是距離30分鐘車程內或近捷運站等，但是現在只要透過網路視訊，再遠都不是問題。就算要接國外的案子也不是難事，例如中文教學。

　　商務活動：透過網路，網路賣家可以將商品販賣給遠在天邊的消費者，許多小店也透過社群網路口耳相傳變成網路名店。

　　除了以上幾種類型外，還可以見到算命、祭祀等活動，這也說明了在網路的世界裡，一切的嘗試都不奇怪，而創意就是致勝的關鍵。

前進

- 網路是許多人完成創業夢想的跳板。
- 網路是工具，內容才是贏得顧客的致勝關鍵。
- 好的交易平台才能保障創作者和消費者的權益。

知名部落客的作品不但可以吸引讀者，還能贏得廠商的青睞！

許多網路出版平台接受各種形式的個人創作

許多人利用網路
幫助副業發展。

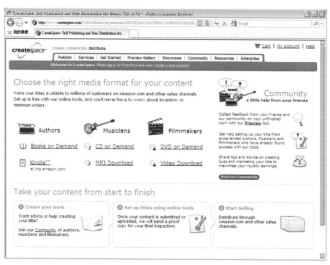

30 貨櫃式資料中心

2008年微軟利用一個個40英呎長的貨櫃將30萬台伺服器裝載於微軟芝加哥資料中心一樓的「Container Farm」。該資料中心可放置150-220個貨櫃，每個貨櫃可搭載2,000-2,500台伺服器，並以每月1萬台伺服器的數量成長，預計未來數年伺服器將以每月2萬台的數量成長。之所以要以貨櫃型式裝載，其優點在於1.快速裝卸，2.節能省電。

在快速裝卸方面：由於貨櫃可以裝載伺服器，也可以裝載能源系統和冷卻系統，只要用戶有需求，這些貨櫃就可以被運往當地進行組合，例如IBM就將其貨櫃機房提供給軍事或石油探勘等客戶使用，只要1-2週就可以建置完成並開始運作。

在節能省電方面：資料中心的用電除了供給IT設備之外，還有燈光照明及冷卻設備。

在IT設備的用電方面，上萬台伺服器的規模當然會消耗大量電力，尤其現在硬體的價格雖然不斷下降，但是能源的價格卻不斷地提高；而伺服器一旦開機，即使沒有完全利用全部的運算能力，但耗電量卻與完全利用時差不多，所以透過虛擬技術讓伺服器「使出全力」才是正確的節能觀念。

至於機房冷卻，由於伺服器的運作無可避免地產生高熱，尤其當上萬台機器同時運作時，冷卻就是一個重要的課題。與傳統機房採用空調冷卻的方式不同，貨櫃機房多採用可節省能源的水冷技術，這剛好符合了貨櫃機房密度高、且整體空間呈封閉狀態的特性。

用於IT設備的用電量比例愈高，表示用電愈有效率，如果用於IT設備以外的電量愈高，表示用電效率較差。效率的計算通常以電源使用效益率（Power Usage Effectiveness，PUE）來表示，PUE愈低效率愈好；右圖即為PUE的計算方式和各國平均值的說明。

前進

- 貨櫃式資料中心可以快速裝卸同時節能省電。
- 虛擬技術可讓伺服器完全發揮其功能。
- PUE愈低，用電效率愈高。

貨櫃式機房的需求有愈來愈高的趨勢！

資料中心該如何省電是一重要課題

$$PUE = \frac{資料中心的總用電量}{資訊中心的IT設備用電量}$$

當(PUE=2.5)表示該資料中心每消耗2.5瓦的電，只有1瓦用於IT設備。

平均來說，日本資料中心的PUE約為2.3-2.5，台灣約為2.5，歐美為2，Google資料中心的PUE則達到1.21的高水準。

1萬台伺服器相當於2008年Facebook的規模。

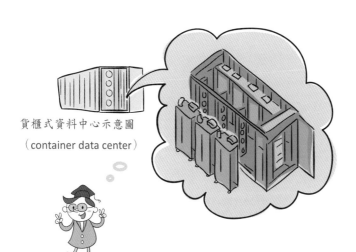

貨櫃式資料中心示意圖

（container data center）

哈佛最有名的中輟生
比爾·蓋茲

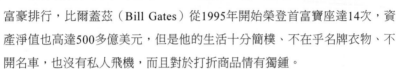

　　根據富比世公布的全球富豪排行，比爾蓋茲（Bill Gates）從1995年開始榮登首富寶座達14次，資產淨值也高達500多億美元，但是他的生活十分簡樸、不在乎名牌衣物、不開名車，也沒有私人飛機，而且對於打折商品情有獨鍾。

　　Bill Gates出生於1955年的西雅圖，父親是律師，母親身兼老師、銀行董事及大學董事數職。從小就在非常優渥的環境中成長，Bill Gates在數學領域表現得相當出色，尤其對電腦十分熱衷，在13歲時就能夠自行撰寫電腦程式。1973年Bill Gates進入了哈佛大學就讀，此時他就已經以資訊專長聞名，並協助開發BASIC語言。至於成立微軟公司必須感謝母親為他與IBM搭橋，讓他簽下一個專案的合約，這才讓Bill Gates下定創業的決心。

　　在個人電腦的年代，微軟的產品從作業系統到軟體幾乎呈現獨占的態勢，最高曾達到95%的全球市占率，然而雲端服務的興起讓這種態勢開始鬆動，也讓微軟不得不開始推出免費雲端軟體和網路服務，並跨入行動作業系統以尋求新的舞台。同時微軟的Xbox又是一個成功的出擊，體感遊戲機Kinect讓全球大人小孩都為之瘋狂，這也是微軟總能想出留住消費者的方法。

　　今日Bill Gates已經漸漸淡出微軟的營運，與太太一起籌募慈善蓋茲基金會（Gates Foundation），專心致力於慈善活動，他不但經常捐款給學術機構和弱勢團體，也與股神華倫·巴菲特一起積極投入勸募的活動。他曾說伴隨財富而來的是責任，今後他最重要的責任就是幫助需要幫助的人。

第4章
雲端產業的現況和發展

圖　說　雲　纖　維　運　算

高毛利的雲端產業

　　Google台灣區總經理簡立峰說道：「遠和近要重新定義，資訊到得了的是近，到不了的是遠」。這正是雲端服務的寫照。正因用戶可自由選用他國的服務，也能突破疆界限制，將服務提供給國外客戶，因此這條路充滿了商機與挑戰。

　　亞馬遜旗下有許多事業部，平均毛利是百分之22，但單就網路服務事業來看，其毛利則高達百分之50。有鑒於台灣是全球第一大伺服器輸出國，只要能夠將硬體製造的優勢與各項雲端服務加以整合，就可以突破低毛利的困境，將毛利由百分之10提升到百分之30以上。

　　放眼全球，最大的雲端服務消費區當屬美國和歐洲，2010年兩者合計為百分之58，但由於同時間其他各國的需求量逐漸提高，預計至2014年美國的比重將降至百分之50。

　　另外，根據美國市調公司顧能（Gartner）的預測，到了2012年，百分之20的產業將不再擁有IT硬體資產，這些需求將轉向雲端業者，因此不但企業的資金和預算會產生改變，連IT就業人口也會產生移動。

　　台灣以科技島著稱，雲端商機自然也是台灣企業轉型的重大契機，台灣雲端運算產業協會於99年底成立，目標就是「協助台灣產業朝系統解決方案及軟體服務的結構轉型」，「共同發展高度軟硬體整合的雲端系統平台」，進而「大幅提升我國資通訊產業的價值及利潤」。

　　行政院也積極向國外招商，並組團前往中國大陸展示我們的雲端應用成果，同時為兩岸的商機搭橋接軌，國際大廠IBM、Google也紛紛進駐，IT人才也隨著IT版圖的變化進行調整，力圖使台灣成為IT硬體製造大國轉型成為具有競爭力的雲端設備製造研發重鎮。

前進
- 資訊到得了的地方是近，到不了的是遠。
- 雲端服務的毛利比硬體代工高出數倍。
- 美國是目前最大的雲端服務供應及消費國。

我國目前致力由低毛利的硬體製造轉向高毛利產業！

雲端服務的消費地與產值

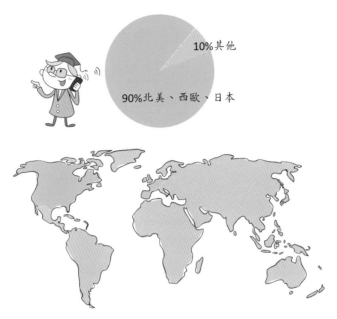

10%其他

90%北美、西歐、日本

利用雲端服務的消費區集中於北美、西歐和日本

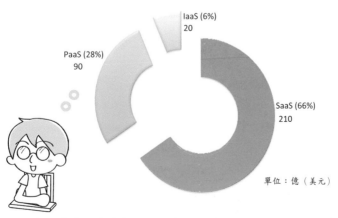

IaaS (6%)
20

PaaS (28%)
90

SaaS (66%)
210

單位：億（美元）

2012年全球雲端產業產值及比重預估（Philippe Botteri, 2010）

32 我國雲端產業發展現況

　　行政院推動「六大新興產業」：生物科技、精緻農業、醫療照護、綠色能源、觀光旅遊與文化創意產業；與「四大新興智慧型產業」：雲端運算、智慧電動車、智慧綠建築與發明專利產業，而雲端運算正列名於新興智慧型產業項目上。

　　為了推動台灣邁入雲端運算技術先進國家之列，行政院於99年4月29日通過雲端運算產業發展方案，在五年內投入100.9億元，預計在104年達到以下目標：

　　雲端服務應用體驗1,000萬人次。

　　帶動企業研發投資127億元。

　　促成投資1,000億元。

　　新增就業人口5萬。

　　雲端運算產值累計達1兆元。

　　雖然我國在IT硬體的製造上得到肯定，然而在系統整合的關鍵技術上卻相對落後，各種雲端服務平台多由IBM、Microsoft等國際大廠獨領風騷，國內廠商發展的空間不大，除非採取共同合作開發的模式，否則不容易脫離大廠系統取得自主能力。

　　要由硬體製造優勢轉型為系統開發者的困難在於我國多以中小企業為主，缺少大型系統開發的人才和計畫。雲端服務是一項成本投入相當龐大的產業，動輒超過萬台伺服器的規模；一般企業多要求投資必須在短時間得到回收，與雲端產業的性質不同，因此由工研院、經濟部、資策會等單位帶頭投資與推動較為適當。

　　工研院雲端運算行動應用科技中心（CCMA）主任闕志克也指出台灣雲端產業應由開放原始碼的雲端操作系統元件著手，透過開發人員強化成為更有價值的操作系統，再鎖定貨櫃型電腦（Container PC）的整廠輸出的模式對外銷售作為未來努力的方向。

前進

● 基礎建設、平台和服務是雲端產業投入項目。
● 中國大陸採取與國際大廠合作的模式發展雲端系統。
● 雲端產業的投入成本大，回收時間也長。

世界各國紛紛投入雲端產業，我國也不例外！

政府積極推動雲端運算產業發展

雲端運算產業發展方案——15項計畫，5年投入240
億元經費

一、雲端運算科技與產業技術發展計畫（經濟部）

二、研發實驗與公益用途資料中心（經濟部）

三、雲端運算旗艦公司計畫（經濟部）

四、跨國企業研發中心及六大新興產業雲端服務旗艦計畫（經濟部）

五、雲端運算產業應用計畫（經濟部）

六、建置政府雲端網路基礎服務（行政院研考會）

七、防救災業務雲端服務（內政部）

八、教育雲端服務（教育部）

九、全國路網車速資訊交通雲計算基礎建設（交通部）

十、推動中小企業運用雲端服務（經濟部）

十一、推動貿易便捷安全雲端服務計畫（經濟部）

十二、電子發票雲端服務（財政部）

十三、賦稅資訊系統整合再造更新整體實施計畫（財政部）

十四、優質經貿網絡——關港貿單一窗口計畫（財政部）

十五、科技研發雲端運算服務平台（國科會）

雲端運算產業發展方案年度目標績效管考

總目標	99年	100年	101年	102年	103年
雲端服務應用體驗1,000萬人次（各部會）	500萬人次	100萬人次	200萬人次	300萬人次	350萬人次
帶動企業研發投資NT\$127億	14億元	23億元	30億元	30億元	30億元
促成投資（含製造、服務）NT\$1,000個（經濟部）	50億元（公部門：16.5，私部門：公部門2倍）	80億元（公部門：16.5，私部門：公部門4倍）	220億元（公部門：16.5，私部門：公部門12倍）	300億元（公部門：16.5，私部門：公部門17倍）	350億元（公部門：16.5，私部門：公部門20倍）
新增就業人口5萬（經濟部）	2,500人	4,000人	11,000人	15,000人	17,500人
雲端運算產值累計達NT\$1兆（經濟部）	80億元	200億元	640億元	3,080億元	6,000億元

備註：表格中之目標數字為每年新增，就業人口以投資金額除以每人每
　　　年200萬元估算。資料來源：經建會（2010）

33 由B2C到B2B

過去我們熟知的雲端服務多屬B2C（Business to Consumer，企業對消費者）SaaS層級的服務，例如Gmail，但近年來許多公私立機構都大幅刪減預算，特別是景氣不佳時，不但經費縮減，服務還不能打折；此外，愈來愈多網路新創公司（web startups）於創立之初也都面臨龐大資金壓力，因此雲端服務成為一個最適合的解決方案。

以大學為例，過去一定會設置計算機中心以滿足全校教職員生的資訊需求，其中亦建置email伺服器用以管理該校電子郵件，但是許多美國與日本的大學紛紛轉向Google專為教育機構所提供的Google Apps Education Edition（教育版）服務。例如日本大學轉用Google的服務之後，其網域名稱仍為nihon-u.ac.jp，而且只要一個帳號就可以登入Gmail、Google Talk及Calendar，也就是將日本大學的師生整合於Google提供的社群網絡內並與學校行事曆整合，比起自行建置更能節省硬、軟體及人力成本。

又以企業版為例，Google提供的應用服務包括25GB的Gmail容量，還有可供日程管理的Google日曆，文件、試算表、簡報同步的Google文件，及可跨作業系統建立網站的協作平台等等。一個帳號僅需50USD（約台幣1400）的年費，因此許多CTO（技術長）都決定直接採用Google雲端服務而不考慮自行投資IT設備。

除了SaaS外，PaaS和IaaS的租用也非常受新創公司青睞，因此雲端業者也盡可能整合自身資源，加入雲端戰局。例如中華電信已經與微軟合作，提供客戶關係管理（Customer Relationship Management，CRM）服務以及機房設備租用和儲存空間的租用服務。

雖然企業對於採用雲端服務還有安全性的考量，但雲端確實已由B2C擴散至B2B企業對企業的領域，藉著分工讓雙方都獲得最大利益。

前進
- 各機構不斷刪減經費，卻要求提供更好的服務。
- 美、日等國的大學開始使用Gmail教育版。
- 雲端服務讓許多企業不再投資IT設備。

選用Google雲端服務，仍能保留自身網域名

B2C：由雲端供應商提供服務給消費者

B2B：由雲端供應商提供服務給其他企業

日本大学 学務部教育推進課国際交流室(旧：学務部国際課)
〒102-8275 東京都千代田区九段南4-8-24
電話：● ▼ **03-5275-8116** ℂ FAX：03-5275-8315
E-mail：ils@nihon-u.ac.jp

日本大學採用Google Apps Education Edition，電子郵件也是利
用Gmail，但可使用自選網域，也就是以nihon-u.ac.jp作為學
校網址而非Google Apps個人版常見的gmail.com。

Official Google Enterprise Blog
A blog about enterprise information, search
apps, and the users that live there

Why the City of Los Angeles chose Google
Monday, December 14, 2009 at 5:00 AM

Editor's Note: In October, the City of Los Angeles – the second largest city in the United
States – decided to switch its email to Google, a decision supported in a unanimous vote by
the Los Angeles City Council. We've invited Randi Levin, Chief Technology Officer for the City
of Los Angeles and general manager of the city's Information Technology Agency, to provide
more insight into the reasons behind this decision.

美國洛杉磯市政府已採用Google Apps服
務取代自行建置、維護和管理IT設備。

34 雲端產業的生態系統

　　雲端服務有供應端跟用戶端，用戶端也可能進一步提供服務給終端用戶，我們稱「同一朵雲上所有相關的廠商」為雲端生態系統（cloud ecosystem）。

　　雲端生態系統包括了IT設備製造商、作業系統、儲存設備、軟體開發、銷售等各類型產業，要成為生態系統的要角而非附庸，仰賴的就是服務本身。

　　許多大型企業本身就是一個生態系統，也吸引其他廠商靠攏，例如Apple不但有專屬的硬體（Mac、iPhone等）、作業系統（iOS等），還有軟體開發平台（iOS Developer Program）、軟體銷售商店（App Store），而許多軟體開發人員、創作者和配件製造商都希望能夠加入這個生態系統共存共榮。

　　2010年12月硬體製造大廠IBM宣布與中國49家軟體開發商及系統廠商合作，成立「合作夥伴計畫」，由IBM提供雲端技術、行銷和教育諮詢，將各廠商的服務加以整合後對外推廣。這整個合作模式就如同一個雲端生態系統，彼此之間互相支持並互蒙其利。

　　IBM也分析台灣市場的醫療、文教、電信、製造、金融和物流等六大產業，提出雲端技術的導入策略和步驟，讓每個產業的組成份子都有機會站上同一片雲，並提供不同等級、不同面向的服務；這就是一種產業生態系統即服務（Ecosystem as a Service, EaaS）」的概念。

　　其實廠商會彼此尋求合作並非新鮮事，然而一個有效率的媒合及溝通平台是很重要的，除了企業自己尋求出路之外，政府單位或各種學會、協會也可以打造類似的平台，讓廠商透過雲端技術結合，使原本各自獨立的服務透過雲端技術加值，成為更有滲透力的服務。

前進

- 許多大型企業本身已經具備生態系統的規模。
- 雲端上的合作夥伴有著互榮共利的目標。
- 經濟部將於2013年建立「醫療服務雲」的全球典範。

站在Amazon這片雲上的相關廠商示意圖

Amazon雲端生態系統

CloudBees利用Amazon Elastic Beanstalk服務，再對外提供DEV@cloud和RUN@colud的服務

基礎建設即服務

Amazon EC2

Amazon S3

平台即服務

Heroku建構在Amazon EC2上，提供開發環境的服務。Elastra利用Amazon EC2提供MySQL的服務。並且Amazon S3儲存資料。

軟體即服務

Twitter使用Amazon S3儲存資料。

35 公共雲、私有雲及混合雲

雖然將資料和運算都放到雲端是一件很便利的事，但對政府或企業來說，資料安全性卻是不得不考慮的問題。試想若軍事情報或是商業機密被竊取或破壞，這種損失將造成動搖根本的後果，因此，這類型的機構（以下統稱企業）會選擇透過內部網路（Intranet）來管理資料。

Intranet是由企業建置的內部網路，由於它的結構和設計都與Internet相同，因此在使用上並沒有隔閡感。Intranet可以完全封閉，也可以與Internet相連，同時藉由防火牆阻絕外界入侵，而網內的權限亦可分層開放。

小型的Intranet可能只侷限於一棟辦公大樓內LAN（區域網路）的規模，大型的Intranet則可能是跨國的規模，總公司與海外分公司間可啟動視訊會議、進行專案合作。

若以雲端服務的概念來分類，我們稱「透過Internet提供企業外部網路服務」者為公共雲（Public cloud），例如Google、Skype，而「限定企業內部才能使用的服務」為私有雲（Private cloud）。私有雲結合公共雲者稱為混合雲（Hybrid cloud），這是當私有雲本身的資源不足時，透過公共雲的服務取得支援，例如Intranet本身不建置電子郵件伺服器，而選用企業版的Gmail支援。混合雲可以大大降低企業的成本，同時也能快速擴充企業的服務能力。

由於公共雲尚未完全成熟，看到企業的顧慮，使得原本透過Internet提供B2C雲端服務的廠商開始轉向協助企業打造私有雲。從IT硬體設備到虛擬網路的設計，都是雲端服務商可發揮的戰場。根據Gartner的預測，2012年之前，相較於公共雲的市場，企業IT部門將會投資較多的金額於打造私有雲。單就私有雲來看，IDC公司就預測：到了2014年，用於私有雲的伺服器將會達到118億美元的高水準，

前進
- Intranet建置成本高，安全性也高。
- 許多企業採用私有雲搭配公共雲的組合。
- 網路品質不穩定的國家傾向採用私有雲。

公共雲、混合雲和私有雲的特性

雲架構的特徵為何？

公共雲

具有良好的擴充性。
資料都存放在雲端服務供應商的機房內。
所有設備將以資源共享的概念同時為多位客戶服務。
資料敏感度低。
租用公共雲服務比自行購買IT設備節省。
例如：Gmail、Google文件、Skype等服務。

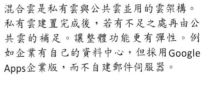

混合雲

混合雲是私有雲與公共雲並用的雲架構。
私有雲建置完成後，若有不足之處再由公共雲的補足。讓整體功能更有彈性。例如企業有自己的資料中心，但採用Google Apps企業版，而不自建郵件伺服器。

私有雲

資料存放在企業內部伺服器。
只為企業本身服務，無須與他人共享資源。
IT設備以專用網路相連。
具有高度安全性。

36 擁抱雲端服務之前

雲端服務的特性之一是具有彈性、可隨時訂購或取消，但是要將重要資料放在它處之前，仍應多了解自身需求以及權利、義務。

Global Knowledge於2010年提出了的10個重要問題，分別是1.資料在哪裡？非指資料的實際所在地，而是資料是否得到書面形式的保障。2.誰擁有資料存取的權限？3.我是否受法律限制及保護？4.我是否有稽核的權力？5.供應商的員工教育訓練如何？6.供應商的資訊分類系統為何？7.服務水準協議的內容為何？8.供應商是否能長期營運？9.發生資安事件的處理方式為何？10.災難復原與營運持續計畫為何？這些問題可以幫助我們檢測自己對即將採用的服務有多少認識，我們是否確實了解責任、義務和風險。

為了避免資訊安全受到威脅，雲端安全聯盟（CSA）亦提出了安全指導原則（Security Guidance for Critical Areas of Focus in Cloud Computing V2.1）（2009）。

其實企業要導入雲端最在意的就是安全問題。所謂的「安全」包括資料是否免於毀損和盜用？此外就是代管資料的供應商是否值得信賴？其次是如果我的資料具有特殊性，對方提供的服務能否滿足我的需求？因為公共雲軟體並不為個人或企業量身打造，因此必須了解兩者是否能相容，而且不影響服務的等級和速度。

此外資料管控的自主權也是很重要的考量，不論是向系統要求統計數據或是歷史資料都應該能自由掌握。再者，若已經購置了許多硬體設備，而且也建立了運行已久的資料庫或開發平台，為了成本考量，應該如何有效的將現有IT資源（in-house IT）與雲端服務加以結合？以上都是可提供相關人員具體的思考方向。

前進

- 公共雲的服務多為套裝產品，而非量身訂製。
- 公共雲和私有雲並沒有孰優孰劣的問題。
- 已購置的IT設備可利用虛擬化技術與網路結合。

企業對於雲端隨選即用的觀點

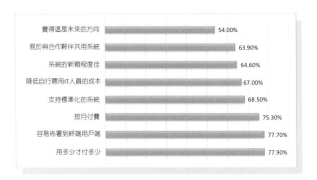

雲端隨選即用（cloud on-demand）的優點

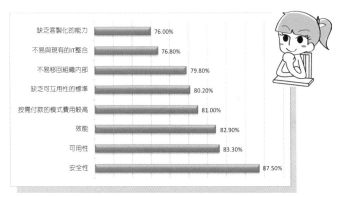

雲端隨選即用（cloud on-demand）的疑慮

2009年（174億USD）　　　預估2013年（442億USD）

全球IT雲端服務收益

資料來源：IDC

37 大型企業較偏好私有雲

　　市調機構IDC預測台灣企業在2012年，雲端運算項目將佔企業科技支出的百分之10；而Gartner也預估到了2012年，名列財星（fortune）雜誌500大的企業將有400家會利用雲端服務。事實上企業已經不再爭論是否應該採用雲端技術，因為雲端的優點顯而易見，故企業已將重點放在：應該採用哪種形式的雲端架構對公司最有利。

　　企業對於公共雲的疑慮多半圍繞在安全問題上，根據Unisys的問卷調查顯示百分之46的受訪者願意將開發測試和支援工作移至雲端環境執行，而重要的核心作業系統則僅有百分之15的人願意如此，因此私有雲的架構還是企業較能接受的形式。

　　私有雲並不會因為規模較公共雲小而無法受益，相反地，有許多企業本身擁有大批高效伺服器，將這些資源以網路型態組織成私有雲，就能讓這些資源發揮更大的效用。

　　根據Unisys的另一項調查，建置私有雲是各企業於2011年IT投資方面最首要的工作。Unisys在2010年底和2011年初進行兩項研究，分別是企業對雲端運算的未來計畫，以及企業在2011年對IT領域投資的主要方向，然後得到了以下結果：

　　百分之44的受訪者認為雲端運算是IT投資的首要項目；百分之24認為是行動和終端用戶的設備支援；百分之17是資訊安全。至於公共雲和私有雲的建置態度上，百分之45的受訪者認為它們已有私有雲的計畫，百分之21將專注於混合雲，另外百分之15正在尋求公共雲的部署方案。

　　Novell與Gartner 2011 CIO Agenda Survey皆針對大型企業IT主管進行訪問，結果都顯示：企業接受雲端運算的技術遠比預想的還快，特別是私有雲的部分。例如已有百分之77的企業開始使用某種形式的雲端運算，但當初分析師的預測僅為百分之20-40，百分之34的企業使用混合雲的架構，百分之43則計畫繼續增加混合雲的服務。

前進
- 企業對於公共雲的疑慮多半圍繞在安全問題上。
- 2011年企業的IT投資主要在建置私有雲。
- 大型企業接受雲端運算的速度比預期還快。

企業不再爭論是否採用雲端服務，而是採用哪種形式較有利！

打造私有雲是大型企業一致的偏好

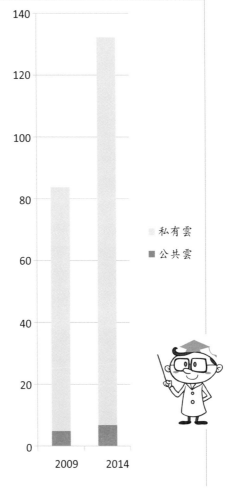

建置步驟

Step 1
建立IT策略與藍圖

Step 2
評估並選擇適合部
署於雲端的應用

Step 3
決定雲端服務的供
應模式

Step4
評估雲端商業價值
與長期ROI

Step 5
打造雲端資訊架構

Step 6.
依據IT策略藍圖實現
雲端服務

IBM擬定的私有雲

私有雲
公共雲

單位：億（美元）
公共與大型私有雲端運算伺服器營收趨勢。

資料來源：科技產業資訊室整理，2010/05

 大型企業較偏好私有雲

38 私有雲導入實例─台灣大學

台灣大學是一所研究型綜合大學，擁有數個校區，各單位對IT設備的等級和用量的需求不同。過去對IT軟硬體的採購經費區分為校級、院級和系級經費，供全校使用的設備和資源由計算機及資訊網路中心（以下稱計中）負責，至於院、系所需則由各單位經費提撥並各自管理。

這種行之有年的管理方式其實會造成重複投資，浪費許多資源。首先是人力的浪費，各單位付出的人力成本並不符合經濟效益。其次是運算能力的浪費，若能將多餘的運算能力分配給需要者，可省下大筆硬體購置成本。空間和能源也是另一個重點，且無可避免地要付出燈光、空調等成本。

台大計中與微軟合作，將分散的運算資源和儲存空間加以整合，再利用虛擬化技術將資源以「租用」的方式分配出去，台大的這項服務稱為臺大筋斗雲（NTU Cloud Services），相當於Amazon的EC2和S3。

由於所有資料都在台大的網域內，不但受到防火牆的安全保護，還可以自由取用校內網路資源，等於一朵完整的「私有雲」。這項服務對於經常有大型研究計畫的研究室、研究中心相當有幫助，亦即當研究計畫開始時，可直接向計中租用設備，計劃結束後即可退租，完全沒有後續負擔。

又由於台灣大學是一個大型組織，教職員生人數達到4萬人，每年僅購買IT設備的數量就十分可觀，如今整體採購政策轉向集中採購、集中管理，無疑具有示範作用。台大如何整合現有資源、如何選擇供應商、如何規劃和導入雲端技術，以及如何評估成效等過程，都會吸引更多同類型機構，甚至其它法人機構的目光。

（相關章節：本書第13節《分散式運算》。）

前進

- 一位系統管理員平均可管理5,000台伺服器。
- Google的系統管理員一人負責20,000台伺服器。
- 虛擬化的目的是讓資源配置更有效率。

第四章 雲端產業的現況和發展

台大透過虛擬化將資源集中，並利用「租用」分配出去！

台大筋斗雲官網及收費標準

虛擬主機基本
配備的規格：
1core CPU，
1G Memory，
40G Storage，
40G backup，
firewall。

私有雲導入實例─台灣大學

台大計中虛擬主機服務價格表

服務種類		年租金（元）
雲端主機服務	虛擬主機基本配備	43,000
	加購1core CPU	4,600
	加購1G Memory	2,300
	加購Windows Server license	6,900
	加購VM Ware虛擬化（不含server）	9,000
	加購100G儲存空間	3,000
	加購高規格儲存設備（NAS,SAN）（40G）	14,000
雲端儲存服務	基本配備（10G）	2,795
	高階配備（10G）	20,000
	加購100G基本儲存空間	3,000
	加購100G高階儲存空間	175,500

39 私有雲解決方案

　　許多知名大廠紛紛推出各種私有雲的解決方案，協助各型組織建置私有雲，屬於前面提到的「B2B模式」。例如台灣大學筋斗雲就是採用微軟的**MCloud**（雲端運算中心解決方案），而成大也同樣採用MCloud提供IaaS服務，而微軟還針對辦公室雲端化推出企業推出**OACloud**，包諾會議管理、知識管理、報表、電子郵件等項目。

　　除了微軟之外，尚有HP的CloudStart，IBM的CloudBurst，Oracle的Exalogic Elastic Cloud，與虛擬計算環境聯盟（VCE）的Vblock等私有雲方案可供選擇。

　　HP的**CloudStart**號稱30天即可完成私有雲的建置，最有名的案例是美國卡內基美隆大學私有雲部署。該大學採用CloudStart的架構，並搭配與Intel、Samsung、VMware的硬軟體技術在30天內完成私有雲的建構。

　　IBM的企業雲端運算解決方案**CloudBurst**已由1.2版升為2.1版。曾為全球財富500強、員工人數2萬多人，市場涵蓋亞、歐、美的中國中化集團公司打造私有雲；也在紐約建置NYPD Big Blue 專案，利用IT技術幫助紐約市即時犯罪中心（New York City Real Time Crime Center）分析管理犯罪資料。

　　Oracle所設計的**Exalogic Elastic Cloud**是以大型企業及關鍵任務部署為主要對象。對Java和非Java應用都有十分優異的表現，提供X2-2和T3-1B模組，由於在製造廠已經組裝整合完成，可以快速運送及安裝。X2-2在台售價為4分之1櫃47.5萬美元（不含軟體）。

　　Vblock是由VMware、Cisco和EMC合作的虛擬運算環境聯盟（VCE），所推出的VBlock套裝方案，可整合客戶現有的作業系統、應用程式、資料庫和硬軟體。

　　以上僅簡介一些較常見的方案，尚有許多針對中小企業規劃的各式諮詢服務和導入方案和試算服務都值得各類型組織參考。

前進
- 一般認為刀鋒伺服器適合擁有6部伺服器以上的企業。
- 雲端解決方案可協助企業導入雲端技術。
- 除了企業等營利單位，教育和醫療也紛紛站上雲端。

刀鋒伺服器可節省大量空間

Vblock套裝規格表

Vblock 0	適合資料中心虛擬主機數量在300部至800部左右的企業使用。 配備數台刀鋒伺服器。 10萬美元
Vblock 1	適合資料中心虛擬主機數量在800部至4000部左右的企業使用。 16-32部刀鋒伺服器。 100-280萬美元
Vblock 2	適合資料中心虛擬主機數量在4,000部至6,000部以上企業使用。 32-64部刀鋒伺服器。 600萬美元起

私有雲解決方案

> 刀鋒伺服器（blade server）是將伺服器內的各種硬體（記憶體、處理器、硬碟）整合成為擴充卡的形式，由於外觀上是一片一片的狀態，因此稱為「刀鋒」。而刀鋒伺服器可插入專用「機箱」，其優點是方便集中管理、不占空間、快速擴充和移除，而且較為省電。

刀鋒伺服器	機箱	直立式伺服器
BladeCenter HX5	BladeCenter HT	xSeries 100

資料來源：IBM

1964亞馬遜線上書店的創辦人貝佐斯

　　1964年貝佐斯（Jeff Preston Bezos）出生於美國新墨西哥州Albuquerque市，年幼時幾乎都在母親繼承的廣大牧場中生活，從小就懂得自己動手在房間安裝警報器，避免其他人進來打擾。對於理工知識相當感興趣，尤其是電腦，後來進入普林斯頓大學學習物理，但又轉念電腦資訊和電機，於1986年取得雙學位，並於2008年獲得卡內基美隆大學的榮譽博士學位。

　　大學畢業的貝佐斯先進入金融業服務，在1994看到了網際網路的蓬勃發展，認為網路提供了成功的機會，於是與妻子共同投身於電子商務（e-commerce）的行列，創辦了Cadabra.com，並於次年更名為Amazon.com，到1997年股票公開上市。

　　眾所周知的網路泡沫（dot-com bubble）是1995年開始的電子商務大災難，許多創業者建立了各式各樣的網站，但都缺乏穩定可靠的獲利模式，造成股市和金融市場哀鴻遍野，但Amazon卻一路穩健走來，而且現在還成為什麼都賣的全球最大的網路零售商，不但販售實體物品，同時還自己制定了電子書格式並銷售電子書閱讀器Kindle，讓閱讀變的輕便又時尚。

　　貝佐斯經營事業全都是抱持著「以消費者為核心」的理念，即使進帳豐厚，仍不吝惜地再度用來發展更新的的服務，讓投資人經常因為摸不著頭緒而給予忽高忽低的評價，然而將時間拉長之後才發現，當初貝佐斯的許多決策都被證明是服務模式的先驅。Amazon除了在網路上銷售商品，連Amazon的IT資源也變成商品提供租賃，成為IaaS和PaaS的重要供應者，成為說起雲端運算時絕對不能忽視的領導者。

第5章
行動雲端

圖　說　雲　纖　維　運　算

40 行動通訊技術的演變

　　行動通訊不斷地演進，原本一支手機有兩種資訊傳送系統，一是通話、一是上網，但隨著技術不斷進步，原本用來通話的技術已經可以負擔上網的功能。以下將說明行動通訊系統的演進：

　　1G：第一代行動通訊是類比式（analog）通訊主要用於語音傳遞，起源於1980年的美國，此時尚無法傳輸數據。

　　2G：自1990年後，通訊方式由類比式轉為數位式通訊，主要技術為TDMA與CDMA，**GSM**（Global System for Mobile Communications）則是基於TDMA所發展的，除了語音通訊之外，還可以傳遞簡單的數據，因此被稱為第二代，也就是所謂的「2G」（G=Generation）。此時行動上網的速度只有9.6Kbps，並且是以連線時間計費，因此手機上網一直無法普及。各國在GSM技術的架構下開放出不同的頻段，台灣開放了900MHz和1800MHz。

　　2.5G：由於GSM的上網方式是用戶永遠以「線上（on line）」狀態占用頻寬，所以費用十分昂貴；加上數據傳輸速度過慢，因此就出現了2.5代的通訊技術**GPRS**（General Packet Radio Service）。GPRS係以「封包」為傳送基礎，也就是計費方式以上傳／下載的封包量為計算標準，用多少付多少，此時的傳輸速度為171Kbps。

　　3G：接著第三代繼續由CDMA技術再發展，傳輸速度大大提升，平均速度約300Kbps。**3.5G**（HSDPA）也是在速率和服務上有所突破（3.5G下載的速度是3G的四倍多）。

　　4G：至於4G採用的技術**WiMAX**（Worldwide Interoperability for Microwave Access，全球互通微波存取）已經達到單一基地台即可將訊號傳送數十公里，速度亦達數十Mbps之譜。目前市面上已經可見4G手機，例如宏達電的EVO 4G即為一例。

前進

● 行動通訊從第二代開始轉為數位式技術。
● 1封包=128 bytes，1 KB = 1024 Bytes=8封包。
● 1MB=1024KB，1GB=1024MB。

從數位式通話技術開始，行動上網有了突破性的進步！

行動通訊的演進過程

4G的技術可以讓手機視訊通話、線上觀賞影片變得更順暢！

4G手機

⇐⇐HTC Max

HTC EVO⇨⇨

資料來源：HTC

4G手機

演變	通訊技術	說明
1G	類比式	AMPS技術 只能傳輸聲音，不能傳輸數據。 能傳送簡單數據。
2G		TDMA技術：GSM、iDEN CDMA技術：IS-95
2.5G		GPRS 以封包為傳送和計費基礎。
3G	數位式	CDMA技術 能同時傳送聲音及數據。 W-CDMA：中華電信、台灣大哥大、遠傳 CDMA2000：亞太、日本、韓國、北美
3.5G		HSDPA 基於W-CDMA技術，加強行動中使用的能力，亦即可以一邊通話、一邊上網，即使高速移動也能存取網路資源。
4G		LTE技術 WiMAX技術 （目前4G一詞尚無正式定論）

41 行動軟體市場

如同電腦有Linux、Windows和Mac等作業系統，智慧手機也有Android、iOS、Windows phone等作業系統，有了作業系統還須要各種軟體讓手機變得更多功能，不論是Apple或是Google都鼓勵第三方進行軟體開發。此類行動軟體常被稱為App（指Application），使用者只要下載到手機就可以使用娛樂、學習、通訊、金融等工具。

因此具備軟體開發能力者可獨立撰寫軟體出售，或接受委託進行開發。而許多公司機構也會打造專屬App，讓公眾隨時可以利用該公司的服務，例如證券系統、網路購物等。

提到App，難免聯想到Apple與Google的開放與封閉之爭。iOS是一個封閉的系統，卻採取對外開放Apps開發工具的策略，鼓勵第三方開發各種軟體以豐富App Store的內容。而Android則不但公開OS原始碼，開發工具更是少有限制，甚至本身就提供Google App Inventor讓完全不懂程式語言的人也能開發Apps。

至於目前最大的兩個行動軟體線上商店是App Store以及Android Market，約分別有35萬套及15萬套，而遊戲軟體一向是最熱門的下載類別。市調公司Nelson於2010年8月所發布的調查數據，遊戲類軟體的下載數量高居第一，表示在一個月內有61%的智慧手機用戶曾經下載過至少一個遊戲軟體。

App若採付費下載，收入是以一定比例由線上商店與開發者共享；若是免費軟體，開發者多透過廣告曝光而向廣告商或線上商店收取費用。以手機遊戲Angry Birds為例，它在App Store是付費軟體，下載一次的費用是0.99美元；在Android Market則是免費軟體。然而在獲利方面，卻是Android平台較高，平均每個月可帶來高達100萬美元的廣告收益。

由於Android手機用戶點閱廣告的次數較iPhone用戶高，所以App開發者普遍選擇在Android平台採用免費下載再嵌入廣告的方式發佈。

前進

- 行動平台有開放式及封閉式兩種。
- 具備軟體開發能力者紛紛投入撰寫apps的行列。
- 採用iOS系統的有iPad、iPhone及iPod Touch。

軟體開發者紛紛轉向App開發的領域

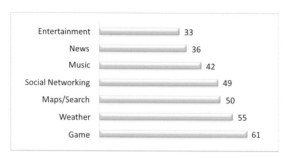

受歡迎的apps類別（Nelson, 2010）

App Store與Android Market付費下載Apps的比例（Lookout, 2011）

手機廣告也是App開發者的收益來源

行動軟體市場

42

行動軟體趨勢

Nelson的市調數據顯示：平均每支手機安裝了27個Apps，其中iPhone的用戶最為活躍，平均為40個Apps，而Android用戶為25個，黑莓機用戶則為14個（2010年）。就成長率來看，2010年Google Android Market比2009年整整成長了8.6倍。而這股熱潮還會持續下去，加上平板電腦的推波助瀾，吸引程式開發者競相投入。目前應用程式下載量最高的就屬iOS App，全球市占率高達8成，平均每套iOS下載超過60個Apps。

對於有志於App開發的人來說，Gartner提出的十大類行動服務預測很有參考性，這些服務包括了適地性服務Location-based services (LBSs)：將個人資料與地理位置標籤比對以獲得個人化的服務。社交網路服務Social networking (SNS)：整合電子郵件、影音、遊戲及商務活動。手機支付Mobile payment：手機付款的安全性更高。行動搜尋Mobile search：過去的搜尋著重尋找產品基本資料，但未來的搜尋則進一步針對結果有所行動。行動商務Mobile commerce：藉由定位系統讓使用者登入所在地的商場購物。情境感知服務Context-aware service：可設定狀況讓系統具體建議最佳產品或服務。物件辨識Object recognition (OR)：傳統的搜尋是透過文字，至於物件辨識則是透過鏡頭以判別物件並提供資訊。行動即時通訊Mobile instant messaging (MIM)：發展出有別於Skype形態的服務。行動電子郵件Mobile e-mail：電子郵件帳號是更換頻率低的資料，能夠做為識別途徑，而可收發郵件的行動電話正是行動商務的推手。行動影音Mobile video：如果硬體製造商可以開發高解析度及3D功能的手機，並與YouTube等影音平台合作，可引領用電腦觀賞影音作品的用戶接受手機瀏覽的環境。

其實某些上述的功能已經開始滲透到我們的生活當中，也可以想見未來的生活形態確實會被無所不在的網路服務所包圍，實現「無縫生活」的目標。

前進

- 網路書店已推出掃描實體條碼即可線上購書的服務。
- 了解未來趨勢對開發人員相當重要。
- 社交網站是投資人眼中最具潛力的產業。

手機結合實境服務個人化

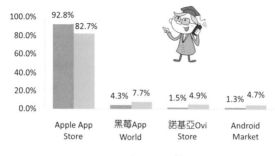

全球App市占率（HIS Screen Digest, 2011/02）

手機對準商品條碼，就可以將商品放入線上商店的購物車。

手機對準某物體，畫面就會顯示該物體的說明以及價格或位置。

43 自己動手寫App

相信許多有創意的人對於開發App躍躍欲試，不但可將創意付諸實踐又兼顧利益。而所謂「好」創意是指設計出比現有軟體更好玩、更實用或功能更強的產品。但有時亦可考慮離開競爭激烈的紅海，針對小眾族群（如聽障者）的需求進行研發，尋找有利潤又獨特的機會。

有了創意之後，接著就是選擇開發平台。這與自己熟悉哪些程式語言、撰寫能力是否足夠等條件有關。同時也與自己擁有的硬體資源有關，例如iOS的App只能在Mac的環境下且限定Intel CPU，並利用Xcode developer tools package開發，但Android App則允許在Windows、Mac OS X及Linux系統上開發，並提供多種免費開發工具。

透過各種市場調查結果不難看出哪些作業系統的用戶正在成長，哪些系統用戶平均下載量最高；哪些軟體能讓用戶願意付費下載、哪些族群比較會點閱廣告。現在有許多市調中心如IDC、Gartner對行動通訊做了許多分析，對行動軟體的市場調查感興趣的人可以多瀏覽這類資訊。

選定了方向和主題之後，版面設計絕不可少。又由於iPad和平板電腦的出現讓App的應用更廣，適用於手機的版面未必適合平板電腦，這一點須要慎重規劃，但未來HTML5具有跨平台跨裝置的特性，版面設計將不需為了不同作業系統及螢幕尺寸分別進行設計。

由於產品所面對的「客戶」來自全世界，因此「語言」也很重要，例如軟體介紹應採用英文或中文？除此之外，還可透過社群網路或是搭網路關鍵字的便車達到宣傳的目的。能力許可的話，多數開發者會選擇同時為多個平台開發相同的軟體，因為市場調查、美術設計和行銷工作幾乎是相同的，等於省下另一個新軟體的開發成本。

前進
- 創意是軟體開發的原點。
- Android App的開發環境開放，但工具變動頻繁。
- 可由市調數據客觀了解市場現況。

開發App時不妨考慮有特殊需求的小眾團體

確定目標對象

françaisse
日本语
Español
中国语
Italiano ไทย

選擇語言

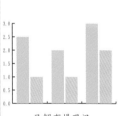

了解市場現況

好點子

版面設計

操作介面

選擇行動平台

Windows
phone

44 iOS App開發簡介

　　要開發Apple的App，可在App Store以4.99美元購買Xcode開發工具，然後下載iOS SDK（Software Development Kit，軟體開發套件）即可動手開發，但成品僅供自用。要將成品上架，就必須加入iOS Developer Program的開發人員，也就是除了具備Apple ID帳戶之外，每年再繳交3,200元（NTD）年費，優點是加入者可在Apple官網免費下載Xcode。這套開發工具可以開發Mac軟體，和iPhone、iPad App。

1. **iOS SDK**（軟體開發套件）：可以開發iPhone, iPod touch, and iPad的App，同時也可以開發Mac系統的應用程式。此開發環境只允許使用Objective-C語言，一般人並不常使用。iOS SDK 嚴格禁止開發者使用Xcode以外的編譯器以及未經授權的第三方程式碼，否則缺乏簽章就無法上架到App Store。

2. **Interface Builder**：是一個視覺化的開發工具，由於和Xcode分屬兩個視窗，因此須要經常切換並建立連結。

3. **iOS Simulator**（模擬器）：撰寫完成的軟體可以在iOS上面進行測試，它模仿iPhone和iPad的操作介面。但值得注意的是模擬器和手機畢竟不同，以滑鼠代替手指滑過面板的流暢度並不相同，同時電腦運算能力較強，同樣的程式放在手機上未必有相同的流暢度，因此實機測試仍有其必要性。

　　Xcode需要在Intel CPU、安裝Mac OS X v10.6版本的電腦上操作，其它系統都無法給與成品認證及憑證（CA），當然也就無法上架銷售。

　　另外，App Store的App區分為iPad版及iPod版（註）；僅有iPad App有高解析度（HD）軟體。對開發者來說，主要的差別除了iPad畫面較大需要較高的解析度，讀取和顯示的速度也必須掌握得宜，由於Apple要求iPad上運作的App必須可以任意旋轉，亦即可呈現直式或橫式介面，所以開發時亦應留意。

註：然而也有兩者通用的App，以「This app is designed for both iPhone and iPad」字樣表示

前進

- iOS的開發人員需繳交入會費及年費，門檻較高。
- App Store的付費軟體較Android market多。
- 即使有模擬器的輔助，實機測試仍不可少。

開發Apple App的流程

Step 1 申請開發者帳號並選擇屬性（Individual、Company、Enterprise和 University）。

Step 2 下載開發套件SDK、Xcode和Interface Builder，開始撰寫。有任何 疑問，可透過Apple Developer Forums和iOS Reference Library尋求 解答。

Step 3 利用Simulator進行測試，包括3G和WIFI的環境。

Step 4 發佈App。可選擇a. 上架到App Store，如此一來售價的7成將歸於 開發者，或是b. 收取廣告收益的6成（先加入iAd Networkd）。

圖片來源：http://developer.apple.com/

App Store的App分為For iPhone及For iPad兩種版本。

45 Android App輕鬆寫

不會程式語言，但總是有源源不絕的創意嗎？App Inventor for Android推出了一般人也能輕鬆製作App的開發平台，使用者只要用「拖曳+拼圖」的方式就可以自製App。

首先申請一組Google帳號，然後以瀏覽器進入App Inventor開發環境即可。換句話說，不論開發者的作業系統是Mac、Windows或Linux系統，也不論瀏覽器是Firefox、Safari、Chrome或IE都無妨。App Inventor包含三個組成份：

1. **Design**：以Google帳號進入App Inventor，首先映入眼簾的就是「Design」開發畫面，開發者可在此選擇想要出現的物件和性質，例如上傳圖片、檔案、音效、社群各種不同性質的物件。

2. **Block Editor**：進入Block Editor。各種命令在此如同一片片拼圖，開發者可用拖曳的方式將各種指令加以組合。例如剛才匯入「Design」開發畫面的物件會出現在My Blocks的選單中，只要以拼圖的方式將命令組合起來就完成了。正確組裝的命令會聽到「咯」的一聲，表示組合被接受。

3. **Emulator或Android手機**：組合完成後，就可以在模擬器（Emulator）上試用，如果要上傳到手機作為正式的App，只要回到Design畫面右上方，按下Package for Phone，就可以產生條碼，供手機掃描後下載，或直接以USB線傳送至手機。

經過簡化的開發環境確實對沒有資訊背景的人有很大的幫助，現在就註冊一個帳號做自己專屬的App吧！

前進
- App Inventor for Android門檻低，一般人也能輕鬆上手。
- 所有功能以拼圖方式相互結合即可完成。
- 自製App還可與他人共享。

App Inventor for Android移動滑鼠即可

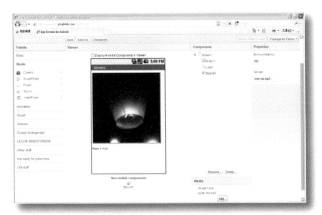

Design操作畫面，可上傳自己的照片和音樂

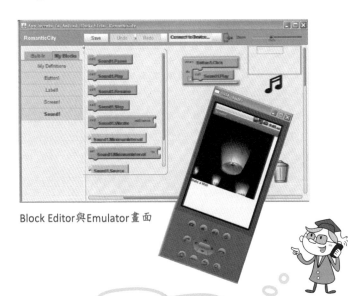

Block Editor與Emulator畫面

App Inventor for Android推出了一般人也能輕鬆
製作App的開發平台，使用者只要用「拖曳＋拼
圖」的方式就可以自製App。

46 我國行動上網現況

國際電信聯盟（ITU）調查全球181個經濟體（economies）的「數位機會」，項目包括該國數位基礎建設、數位機會和數位應用，台灣的名次為全球第7名。根據行政院研考會「99年數位落差調查報告」的數據。台灣的人口上網率達百分之70.9，家戶上網率為百分之80.1，行動上網率則將近四成。

繼續分析行動上網的現況可以發現，台灣目前行動電話用戶數已經達到百分之120，已經成為國際電信聯盟（ITU）調查「行動通訊用戶普及率超過百分之百」的81個國家之一（2009年），其中3G用戶就佔了百分之67以上。

行動上網並不侷限於手機，很多筆電用戶都申辦「行動網卡」，讓筆電跟手機一樣在沒有WiFi的地方還可以選擇3G訊號。目前有四成筆電用戶會利用3G或3.5G網卡上網，但隨著智慧手機的普及和平板電腦的熱賣，行動網卡的熱度開始降低，大家都開始選購可直接連網的產品。

利用手機上網的用戶都在做些什麼活動？根據資策會Find的調查，五成以上的台灣手機用戶會下載手機鈴聲和遊戲，而導航等圖資工具是最受肯定的服務。而中國的手機用戶多以商務用途為主，娛樂次之：至於美國用戶則熱衷於社群活動。

在網路購物方面，由於利用手機上網的速度變快，安全機制也受到肯定，因此各購物網站都針對手機族群設計更適合的瀏覽畫面。根據萬事達卡國際組織的數據顯示：台灣手機用戶透過手機消費的比例達到百分之16：資策會產業情報研究所（MIC）的數據則達到百分之16.5，其中男性每次消費金額約729元，略高於女性的672元。

	2010年第二季台灣行動上網開通戶數（單位：萬戶）
PHS	101
GPRS	229
3G	1535

資料來源：資策會Find（2010/08）

前進

● 台灣的數位機會排名全球第七。
● 行動電話用戶中有67%能夠3G上網。
● 台灣手機用戶使用手機購物的比例達到16%。

台灣的網路人口達到七成以上

單位：%

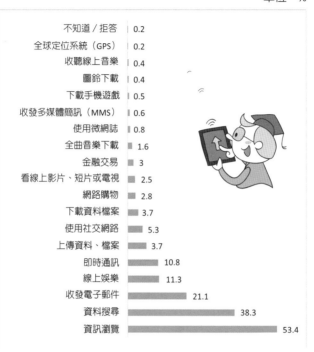

利用網卡連接電腦上網主要從事的網路應用行為

資料來源：資策會Find（2010/03）

	2006	2007	2008	2009
行動電話用戶數普及率（%）	101.6	105.8	110.3	116.6
行動寬頻普及率（%）	14.3	28.4	46.8	61.5
2G用戶平均上網費用（單月）	783	725	635	613
3G用戶平均上網費用（單月）	1021	986	885	814
簡訊（SMS）通訊量（億則）	36.59	44.99	56.31	56.63
簡訊（SMS）營收（新台幣億元）	78.72	89.00	95.51	98.89
2G預付卡行動電話用戶（%）	13.29	16.47	19.66	19.55
3G預付卡行動電話用戶（%）	NA	1.55	4.18	8.76

資料來源：國家通訊傳播委員會（NCC）

47 行動雲端實例─行動辦公室

本世紀之前,辦公室一向被認為是最便於工作的場所,因為它具有所有員工需要的資訊和工具,但是在無線網路如此普及的今天,連手機的功能都幾乎強過電腦,員工是否身在「有形的辦公室」內已不是重點,關鍵是員工是否身在「能工作的環境」。

紐約時報專欄記者湯瑪斯‧佛里曼(Thomas L. Fredman)提出「世界是平的」理論,他強調科技會消彌國界,擁有科技就擁有競爭力。對於企業來說更是如此,企業不應該再用狹隘的眼光檢視員工的出缺勤記錄,而應該將這個世界變成天羅地網般適合工作的環境,讓有能力的員工盡情發揮。

要知道,早就有許多企業開始雇用遠在地球另一端的員工,讓企業24小時不間斷運轉,不論是客戶服務或是採購、會計工作都可以交給遠端職員完成,而分散在世界各地的員工與公司的唯一連結就是無縫的網路。

台灣具備非常友善的網路環境,上網是一件相當容易的事情,我國2010年上網人口亦高達百分之70.1。不只是一般室內網路,走出室外即有遍布各地的無線上網的熱點(Hot Spot)服務,而3G網路更可以一邊前往下一個目的地,同時還能一邊上網,節省雙倍時間。

雲端供應商針對企業需求,推出行動辦公室(mobile office)/行動商務中心服務,內容涉及資料存取的安全管理、知識管理系統、資料同步備份/備援、行動語音/視訊會議、互動式簡訊、日程管理等。許多企業之所以對於導入雲端有極大興趣和需求,其原因與希望打造「行動辦公室」有關,以Digitimes Research針對服務業所舉辦的企業IT調查數據顯示,百分之41.4的企業認為打造行動辦公室是他們想要採用雲端服務的主要理由。

> **前進**
> ● 有形的辦公室不是重點,關鍵是能工作的環境。
> ● 世界是平的一書強調科技將抹平國界。
> ● 許多企業將行動辦公室視為重要的雲端應用。

科技會消彌國界，擁有科技就擁有競爭力！

雲端服務大廠打造行動辦公室套裝服務

公司內部資源必須先進行雲端化，然後再整合行動辦公室的服務。

甚麼都有，甚麼都不奇
怪的Yahoo! 楊致遠

　　1968年在台灣出生的楊致遠
（Jerry Yang），兩歲時父親過
世，由母親獨力撫養，10歲時遷往美國加州。母親的背景是英文和戲劇教
授，但楊致遠剛到美國時卻一句英文也不會說，經過磨合階段後才算融入了
當地的生活。

　　1990年楊致遠進入史丹佛大學電機系，並在短短4年之內就獲得學士與
碩士學位。後來與曾經擔任楊志遠的助教兼摯友的費羅（David Filo）一起
合作，兩人在拖車上清出一個辦公空間，並將自己感興趣的網頁資料連結
（link）在一起。由於資料隨著時間累積變的太過龐雜，為了能夠便於管
理，兩人就開始進行內容分類及製作目錄的工作，這個目錄被命名為Jerry'
s guide to the world wide web，而目錄之下又出現子目錄，一層一層井然有
序。由於這個分類相當受歡迎，不但一般使用者覺得很方便，也有愈來愈多
人希望自己的網站能被收錄進去以便提高曝光率。後來他們決定將網站商業
化，並命名為Yahoo！。Yahoo一詞的Ya正是取自楊致遠的Yang。

　　與當時其它的入口網站相比，Yahoo！的分類是由真人親自分析，而非
透過機器判讀，所以較為準確且實用。但Yahoo!發展的過程也遇過十分驚險
的過程，例如美國線上（America Online）就曾經想要收購Yahoo！，並放
話如果Yahoo!不同意出售，就會扶植其他競爭對手。種種挑戰仍然阻止不了
Yahoo!受歡迎的本事，1996年Yahoo！股票正式上市。

　　雖然楊致遠在2008年為微軟收購Yahoo一事破局離開執行長的職位，但
是當初創業的精神和貫徹的決心都是一個讓人津津樂道的傳奇。

Part 3

雲端幫助我們過得更好

第6章

資訊安全與社會

圖　說　雲　纖　維　運　算

48 企業面對的威脅

2010年12月杜邦（DuPont）公司遭到駭客入侵，這是杜邦在12個月內第2次遭駭。杜邦是資安供應商HBGary的客戶，不只是杜邦的重要資料被商業間諜竊取，其它尚有迪士尼（Walt Disney）、索尼（Sony）、嬌生（Johnson & Johnson）和奇異（General Electric）都受到攻擊。駭客還將竊取到手的6萬封電子郵件內容公布在網路上。美國聯邦調查局（FBI）指出駭客的目標鎖定在能源、藥劑、國防和全球衛星圖像及智慧導彈的高科技製造商，由此可知愈具有價值的產業被攻擊的機會也相對較高。

2011年2月，法國國家資訊系統安全局局長證實法國財政部遭到駭客入侵，多達150部電腦受到滲入，目標為盜取G20財長高峰會相關資料。

Google在分析了2.4億個網頁後發現：超過1.1萬個網域出現黑心防毒軟體（Fake Anti-Virus），估計約占所有散布黑心防毒軟體網域的15%（2010年）。除了網頁上可能出現各種被動式的攻擊，許多駭客還會主動挑選目標，威脅用戶必須付費才能解毒，或綁架電腦資料再要求用戶付費贖回。

根據防毒軟體公司Symantec出具的年度報告（ISTR，v.16）指出，2010年全球企業所面對的網路攻擊（web-based attack）比起前年次數高了近一倍，而社群網站由於使用者眾，用戶對隱私又抱持較開放的態度，所以成為下一波網路攻擊鎖定的平台。該報告也指出平均每個網站被入侵一次，就有26萬筆帳號資料暴露在危險中；至於行動網路的安全漏洞更是網路犯罪者瞄準的目標，2010年就比2009年成長了4成多。

許多地下論壇會訂出價目表以招募惡意使用者組織殭屍電腦（Bot）形成僵屍網路，也有人付費購買信用卡資料；換句話說，利之所在就無可避免發生網路威脅，因此資訊安全是一項嚴峻又無法迴避的問題。

前進

○ Symantec在2009年發現2.7億個新的網路威脅。
○ 殭屍電腦指電腦被植入可遠端操控電腦的惡意程式。
○ 地下論壇對殭屍電腦的價格約為15美元/1萬台。

不論個人或企業都必須重視資訊安全

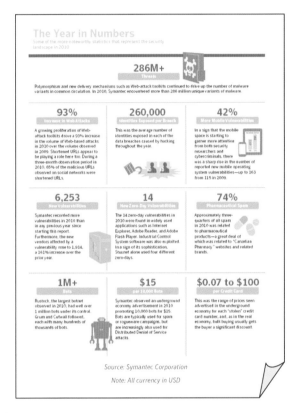

資料來源：Symantec Internet Security Threat Report, Volumn 16.

資安漏洞常出現於以下管道：
- 硬體：硬體設備、網路設備、硬體所在環境。
- 軟體：資料內容、軟體品質。
- 規範：法律制度、管理制度、人員素質。

49　雲端運算的風險

　　雲端運算有優點，當然也有一定的風險。先讓我們想想所謂的雲端服務有哪些組成單元？右圖是雲端服務架構示意圖，雲端服務供應商以虛擬化的技術將硬體分割成各自獨立的作業環境，透過網路出租給用戶。所有的系統都有系統化的管理，並搭配資安軟體進行安全防護，人力方面則由雲端供應商聘用專業人員負責。而在服務的出口則有防火牆等資安設備負責把關。

　　以上是一個完美的假設情況，事實上雲端安全聯盟（Cloud Security Alliance，CSA）分析了雲端運算可能發生的威脅，其中提到一個重要觀念：租用雲端服務的客戶們雖然彼此好像沒有交集，其實是站同在一片雲上，雖然多數使用者是正當利用，但卻無法預防某些惡意使用者破壞資訊安全。

　　而雲端服務供應商聘用的技術人員本來應該是加強雲端服務和安全的專業人員，卻也可能是安全的漏洞，因為用戶完全無法掌控業者的用人標準，也無法要求技術人員針對用戶的特殊性而額外訓練。

　　再者，每個用戶會依自身需求採用不同的作業系統、外掛工具及API（應用程式介面）（註），這些工具是否安全？是否成為影響資安的變數？而利用這些工具所開發出的加值服務又會供應給新的用戶，更增加了安全上的不確定。

　　再檢視用戶與雲端服務之間的管道，供應端應該對用戶端進行認證（Authentication）、授權（Authorization）、稽核（Audit）等AAA管理機制以保護資料安全。這道手續的強度如何？是否能確保資訊不會被盜取或破壞？以上種種是值得深思的重點。

註：API：開發軟體須用程式語言撰寫各種功能，某些功能常被使用，於是開發平台會先寫好，讓撰寫者直接套用而無須重複撰寫。如 Google Maps JavaScript API可將Google地圖直接嵌入網站和程式中，撰寫者再將其它功能疊加上去。

前進

- CSA是推廣資訊安全的非營利機構。
- 一台伺服器可以分割為多個虛擬機器。
- 用戶與用戶共同站在一朵雲上分享資源。

雲端運算需要層層保全的關卡

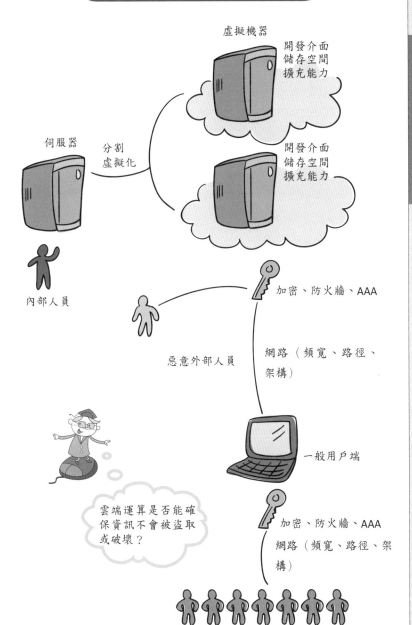

虛擬機器

開發介面
儲存空間
擴充能力

開發介面
儲存空間
擴充能力

伺服器

分割
虛擬化

內部人員

惡意外部人員

加密、防火牆、AAA

網路（頻寬、路徑、架構）

一般用戶端

雲端運算是否能確保資訊不會被盜取或破壞？

加密、防火牆、AAA

網路（頻寬、路徑、架構）

50 個人資料保護法

　　新版個人資料保護法已於99年5月通過。所謂的「個人資料」包括自然人之姓名、出生年月日、國民身分證統一編號、護照號碼、特徵、指紋、婚姻、家庭、教育、職業、病歷、醫療、基因、性生活、健康檢查、犯罪前科、聯絡方式、財務情況、社會活動及其他得以直接或間接方式識別該個人的資料。

　　由於現在適用範圍擴大，從徵信業等八大行業擴及所有公民營事業，即使小型網拍賣家也不例外，只要擁有他人資料就負有保護之責，否則將面臨刑事責任。因此原本讓企業當作珍貴資產的客戶資料如今必須花費比過去更大的心力和成本加以保護，否則企業也可能因為這些資料招致重大財務和信譽損失。

　　然而不論資料用何種方式儲存，都一定有相對應的盜用手法，例如紙本資料會透過影印、攝影、掃描等方式複製；數位資料可以透過列印、email、燒錄光碟等方式攜出；雲端資料則要防止被駭客入侵的危險。

　　此外，資料安全不僅僅在資料存在期間的保護，當資料存在的條件結束後，例如在特定時間或特定事件過後，就必須進行銷毀。要採用何種方式銷毀？銷毀的過程是否有瑕疵？如何確認執行完畢？成本如何估算？等過程也值得再三檢驗。

　　一般個人對於數位資料保護的方式除了使用正版軟體並且安裝防毒程式之外，還必須注意使用的地點和習慣。至於企業則需要一一檢視所有部門的作業流程，妥善為各種類型的資料設計保護機制。

　　大致上，公共雲的安全性著重在網路安全管理，也就是透過加密金鑰控制存取者資格；私有雲則對伺服器有完整控制權。與此同時，資安設備商如IBM、趨勢科技、賽門鐵克、HP、甲骨文、思科等公司，都推出雲端資安產品，幫助個人和企業從IT設備、網路架構和各個節點進行監測並加強防禦機制。

前進

- 新版個資法的適用範圍擴大，刑責也加重。
- 即使是網路個人賣家也必須負擔資料安全的責任。
- 駭客常透過木馬程式竊取密碼等重要資料。

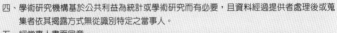

新版的個人資料保護法大幅擴大適用範圍！

個資法中關於罰則的部分（節錄）

個人資料保護法

第19條

非公務機關對個人資料之蒐集或處理，除第六條第一項所規定資料外，應有特定目的，並符合下列情形之一者：
一、法律明文規定。
二、與當事人有契約或類似契約之關係。
三、當事人自行公開或其他已合法公開之個人資料。
四、學術研究機構基於公共利益為統計或學術研究而有必要，且資料經過提供者處理後或蒐集者依其揭露方式無從識別特定之當事人。
五、經當事人書面同意。
六、與公共利益有關。
七、個人資料取自於一般可得之來源。但當事人對該資料之禁止處理或利用，顯有更值得保護之重大利益者，不在此限。
蒐集或處理者知悉或經當事人通知依前項第七款但書規定禁止對該資料之處理或利用時，應主動或依當事人之請求，刪除、停止處理或利用該個人資料。

第28條

公務機關違反本法規定，致個人資料遭不法蒐集、處理、利用或其他侵害當事人權利者，負損害賠償責任。但損害因天災、事變或其他不可抗力所致者，不在此限。
被害人雖非財產上之損害，亦得請求賠償相當之金額；其名譽被侵害者，並得請求為回復名譽之適當處分。
依前二項情形，如被害人不易或不能證明其實際損害額時，得請求法院依侵害情節，以每人每一事件新臺幣五百元以上二萬元以下計算。
對於同一原因事實造成多數當事人權利受侵害之事件，經當事人請求損害賠償者，其合計最高總額以新臺幣二億元為限。但因該原因事實所涉利益超過新臺幣二億元者，以該所涉利益為限。
同一原因事實造成之損害總額逾前項金額時，被害人所受賠償金額，不受第三項所定每人每一事件最低賠償金額新臺幣五百元之限制。
第二項請求權，不得讓與或繼承。但以金額賠償之請求權已依契約承諾或已起訴者，不在此限。

第41條

違反第六條第一項、第十五條、第十六條、第十九條、第二十條第一項規定，或中央目的事業主管機關依第二十一條限制國際傳輸之命令或處分，足生損害於他人者，處二年以下有期徒刑、拘役或科或併科新臺幣二十萬元以下罰金。
意圖營利犯前項之罪者，處五年以下有期徒刑，得併科新臺幣一百萬元以下罰金。

第42條

意圖為自己或第三人不法之利益或損害他人之利益，而對於個人資料檔案為非法變更、刪除或以其他非法方法，致妨害個人資料檔案之正確而足生損害於他人者，處五年以下有期徒刑、拘役或科或併科新臺幣一百萬元以下罰金。

第47條

非公務機關有下列情事之一者，由中央目的事業主管機關或直轄市、縣（市）政府處新臺幣五萬元以上五十萬元以下罰鍰，並令限期改正，屆期未改正者，按次處罰之：（略）

修正日期：99年5月26日

51 台灣的資安現況

2010年Microsoft發表了「Microsoft Security Intelligence Report」，數據顯示台灣Windows用戶透過惡意軟體移除工具（MSRT）處理被感染的電腦，平均每執行一千次掃描，有33.5台電腦發現惡意程式（2010年第2季）。台灣的Microsoft用戶受到惡意程式攻擊的比例遠高於全球平均的9.6次，這表示台灣用戶長期暴露在高度危險當中。

受到個資法的影響，企業和個人都必須作出具體回應，加上行動裝置普及，行動網路（mobile-net）的安全性也備受挑戰，而智慧型手機銷售量持續攀高，未來行動資安勢必成為一大隱憂；此外處處可見各種虛擬化技術在設備和網路上產生變化，因此資安軟體（security software）和資安設備（security appliance）的市場也隨著快速成長。

所謂的資安軟體包括防毒、身份授權認證軟體、安全監控、漏洞修補等，而資安設備包括了防火牆、虛擬私有網路、閘道防毒、偵測防禦等。資策會MIC表示：2010年全年台灣資安市場總市值達到183億元；又根據市調公司IDC的數據指出，2010年上半年度，台灣的資安設備市場營收首度超越了軟體營收，預計到了2014年時，台灣資安市場（不含服務）將達到159.9百萬美元的水準。

這些現象都表示台灣企業和個人開始對來自政策面和趨勢面的變化展開積極因應行動：不只台灣，全球都面臨行動化和虛擬網路的挑戰，這樣的變化一方面能讓資安得到更好的保障，一方面也代表資訊安全產業前景可期，從內容保護到網路安全都是資安產業可發揮的領域。

事實上，資訊安全面臨的威脅當中有百分之37發生在資料被竊或遺失，百分之26導因於不安全的政策，百分之15是因為駭客入侵，百分之9則是內部人員的問題（Symantec），也就是說每個環節都是資安關鍵，只有事前多防範才能免除重大損失。

 前進
- 台灣微軟用戶的惡意程式感染率相當高。
- 雲端防毒軟體漸成趨勢。
- 資料被竊取或遺失是最常見的資安問題。

不能輕忽惡意軟體的攻擊

惡意程式感染率最高的國家分別是土耳其、西班牙、韓國、台灣和巴西。（2010年Q2）

微軟MSRT清除的惡意攻擊程式（由多至少）：其他類型木馬程式、蠕蟲程式、其他類型潛在的討厭程式、木馬下載器和木馬程式、密碼盜取程式及監測工具、廣告軟體、後門程式、病毒、攻擊程式以及間諜程式。

本項統計共收錄了217個國家（地區）的數據，本項數據每季更新，但各國的數據和排名大致不變。以下選列數國做為比較：

奧地利	3.0	美國	12.9
日本	4.4	台灣	33.5
中國	5.5	韓國	34.4
英國	6.7	西班牙	35.7
新加坡	8.0	土耳其	36.6（最高）
香港	9.1	全球平均	9.6

資料來源：Microsoft | Security Intelligence Report v.9

52 資訊生命週期管理

「資訊」對任何組織而言都是重要的核心資產，而資訊會隨著時間或是其它變數產生不同的效用。一般而言，資訊從概念的發展開始，經過傳佈、儲存，到最後進行永久保存或銷毀的過程稱為資訊生命週期（Information Lifecycle），在這段期間內對資訊所進行的管理工作就稱為資訊生命週期管理（Information Lifecycle Management，ILM）。

要有效地管理資料，除了需要軟、硬體的輔助，還需要制定完善的管理政策和管理流程。換句話說，ILM的重點可略分為：「資料處理」和「管理規劃」兩方面。

在資訊產生的初期就應該制訂一套資訊收集和分類的策略，並依據「使用頻率」和「重要程度」存放到最適當的位置。而儲存和取用的方式也影響到資料是否能發揮其價值，同時也必須確保所有的資訊都處在安全的環境中。例如：罕用卻必須保存的資料可存放在磁帶上，不必儲存在硬碟中以降低成本；常用又重要的資料則儲存在硬碟，同時應選擇異地備份以確保資料安全無虞。

隨著時間推移，原資訊管理系統可能須要面臨擴充和修正以符合新的變化，人員也需要不斷教育訓練，而資料的價值也可能要重新評估，以便判斷應繼續保存或進行銷毀。法律也對於某些資料的保存或銷毀有明文規定，這些規定會影響當事人的權利義務。

良好的管理可直接提升資訊的安全水準和服務水準，並降低營運成本，進而提升組織的競爭力。要讓組織的資訊得到整體規劃，必須動員所有部門參與，就如同前面提到，資訊生命週期管理是一個持續性的活動，資訊對每個部門的意義不同，如何進行整合是很重要的工作。

前進
- 資訊從發生到結束都需要管理。
- 除了善用軟硬體，還需要制度化。
- 所有會接觸資料的部門應共同參與規劃。

資訊從被創造到結束的存在期間稱為資訊生命週期！

資訊的保存與銷毀是不可忽略的程序

與資料保存相關之法律條文（選錄）：

公司法：

第94條　公司之帳簿、表冊及關於營業與清算事務之文件，應自清算完結向法院聲報之日起，保存十年，其保存人，以股東過半數之同意定之。

第182-1條
議事錄應記載會議之年、月、日、場所、主席姓名、決議方法、議事經過之要領及其結果，在公司存續期間，應永久保存。
出席股東之簽名簿及代理出席之委託書，其保存期限至少為一年。

第332條
公司應自清算完結聲報法院之日起，將各項簿冊及文件，保存十年。其保存人，由清算人及其利害關係人聲請法院指定之。

勞動基準法

第23條
雇主應置備勞工工資清冊，將發放工資、工資計算項目、工資總額等事項記入。工資清冊應保存五年。

與資料返還或銷毀有關的契約內容：

一般契約（選錄）

無法返還之資料，包括但不限於已安裝於硬體設備之軟體程式等電磁紀錄，乙方應即清除銷毀，且應由負責人代表乙方簽署切結書，證明已確實銷毀。

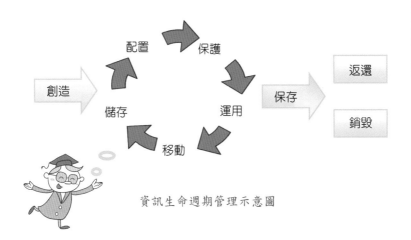

資訊生命週期管理示意圖

資訊生命週期管理

127

53 發展雲端有助環保？

　　手機愈來愈聰明，然而支援行動通訊的卻是相當耗電的雲端資料中心和基地台。根據網路設備商思科Cisco的資料，2009年每隻智慧手機單月傳輸量平均為35MB，到2010年則成長至79MB，到了2015年則為1.3GB，同年全球的傳輸總量將較2010年成長26倍，達到6.3EB（註）。

　　雲端資料中心是由許多伺服器和儲存設備所組成，但依據機房設計的不同，大約百分之50的電力用於空調，只有百分之50用於IT設備本身。至於舊式無線基地台則體積龐大，每月耗電為1944度，相當於7,900元電費。那麼，雲端技術真的對環境比較好嗎？許多組織都對這項議題進行研究，並以碳排放（carbon emission）量或能源消耗量來評估。

　　首先，碳排放量是計算產品從採集產品的原料開始到廢棄物處理為止，整個生命週期中一切活動所產生的CO_2總量。根據國際氣候組織與全球電子化可持續性計劃（GeSI）所發表的SMART 2020指出：雖然到2020年個人電腦和手機的數量會成長數倍，而使碳排放量節節高升，但隨著科技進步，雲端業者將大量利用太陽、水力等可再生能源（renewable energy），降低核能和火力發電的比重，同時透過智慧電網（smart grid）改善用電效率。此外水冷式伺服器技術可降低電力消耗，搭配零排放建築並將機房設置在緯度較高處，及開發更有效率的傳輸系統都有助於降低能源用量。預計到了2020年碳排放總量可減少7.8億噸，較2008年下降15%。

　　至於基地台則以新式的環保基地台取代舊式設備：新式技術突破距離限制，可減少基地台數量，並使用智慧套件將無線網路利用最佳化，最高可節省70%的耗電量。

　　以上為了環保而進行的種種努力不但對環境有益，對企業本身也有經濟效益做為回饋。

註：EB（exabytes）：艾字節，又稱艾可薩字節，是指資訊容量的單位，$1EB= 10^9GB$。

前進

- 智慧手機的傳輸量是一般手機的24倍。
- 雲端中心花費50%的電力在空調控制。
- 環保基地台因減少鋼材，可降低3成碳量。

資料中心和基地台是非常耗電的設施

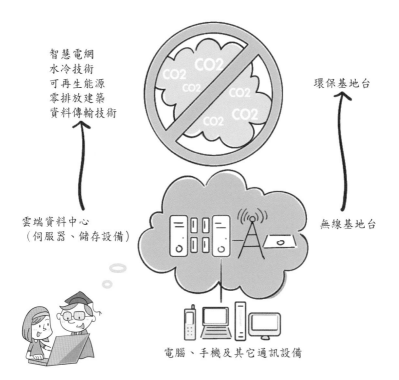

智慧電網
水冷技術
可再生能源
零排放建築
資料傳輸技術

環保基地台

雲端資料中心
（伺服器、儲存設備）

無線基地台

電腦、手機及其它通訊設備

發展雲端有助環保？

	億美元		
17	24	31	34
2008年	2009年	2010年	2011年

全球智慧電網產值

資料來源：拓墣產業研究所

129

54 服務水準協定─SLA

「服務水準協定」（Service Level Agreement）是服務供應商為了保證服務品質而與用戶訂定的契約。為了能夠客觀的評估服務水準，雲端服務常將「能夠提供服務」的時間稱為uptime，又稱web availibity，而「無法提供服務」的時間稱為downtime，而服務水準則以一定時間內（一個月或一年）的uptime百分比（%）作為表示。

$$服務水準 = \frac{Uptime（小時）}{一定期間（月／年）} \times 100\%$$

對於服務供應商而言，簽訂SLA可與客戶建立較好的互信關係，避免用戶對其服務產生過高的期望或過低的評價。同時也可以透過試算，以數據佐證「企業自行建立IT設備，並達到該服務水準所需的成本」與「採用供應商產品的成本」之間，何者最具效益。

除了保證服務水準之外，供應商也必須擬定賠償政策，亦即當服務發生中斷造成客戶損失時應如何處理。Google在其SLA上載明其賠償策略為提供「服務紅利」（Service Credit），也就是提供免費服務天數作為補償，而微軟則是以退費作為補償原則。

對用戶而言，購買任何商品或服務本來就需要量化的數據作為比較基準，而SLA不但可以評估不同供應商的服務水準，還可用以選擇同一供應商之不同等級的服務。

以Gmail的表現為例，2010年Gmail斷線時間為7分鐘，也就是穩定度達到99.984%，表現優於Google Apps SLA保證的99.9%。相較於一般企業自行建置郵件伺服器的效能為：平均每月斷線時間為3.8小時（Radicati Group），Gmail顯然能夠提供更佳的服務。

在參考SLA各項保證時也必須慎重考慮除外情形，並釐清在非正常狀況下，彼此應該負擔的責任歸屬及比例。

前進

● 服務水準協定可客觀評估服務的水準。
● 網路服務業者常以uptime比例作為依據。
● 企業自建郵件系統平均每月有3.8小時的downtime。

雲端服務供應商SLA內容與賠償不同

Gmail SLA 排除。

Gmail SLA 不適用於任何明確排除此Gmail SLA之服務（如這類服務的文件所述）亦不適用於由下列因素導致的效能問題：

(i) 由Google合理控制之外的因素所導致：

(ii) 因「客戶」或第三方執行或不執行的動作所造成：或

(iii) 因「客戶」之設備和／或第三方設備所造成（不在Google主要控制之內）。如果「客戶」善用本Gmail SLA，此Gmail SLA會針對任何由Google提供「服務」的失敗，指定「客戶」唯一且專屬的補救措施。

每月執行時間百分比	服務期間結束後的免費服務天數
< 99.9% - ≥ 99.0%	3
< 99.0% - ≥ 95.0%	7
< 95.0%	15

資料來源：Google Apps Service Level Agreement

除外責任

本SLA 與任何適用之服務等級均不適用於下列任何效能或可用性問題：

1.其原因超出Microsoft之合理控制範圍者：

2.由於客戶或協力廠商之硬體或軟體所造成者：

3.由於客戶或協力廠商之作為或不作為所造成者：

4.在Microsoft建議客戶修改其服務使用方式後，若客戶未依建議修改其使用方式，並使用服務所造成者：

5.發生於排定之停機時間者：或是

6.發生於測試與試用服務期間者（由Microsoft判定）。

每月執行時間百分比	服務退費
< 99.9%	25%
< 99%	50%
< 95%	100%

資料來源：Microsoft Windows Intune 服務等級協定（SLA）

55 數位落差

　　每當新科技出現，總有人可以從中受益，有人卻因為性別、年齡、教育程度、區域、種族、經濟能力等原因成為弱勢者，而「能夠透過數位科技獲益」與「不能從中獲益」之間的差距，就被稱為數位落差（Digital Divide），當數位落差大到一定的程度而難以跨越的狀態就稱為數位牆。

　　數位科技隨著時間變化，從過去的電腦、實體網路，慢慢指向行動通訊、無線網路等技術。根據行政院研考會「99年個人家戶數位落差調查報告」的資料，台灣民眾（12歲以上）的電腦使用率為75.6%，上網率為70.9%，曾經利用過無線上網的比率達到53%；與此同時，卻有超過2成的居民對電腦或網路一竅不通。

　　消彌數位差距有兩個方向，其一是提供弱勢者接觸數位科技的機會，其二是培養弱勢者應用數位科技的能力。舉例來說，各級政府可於圖書館、社教館等機構提供免費的電腦及上網環境，讓無力購買數位產品的民眾也有機會接觸，不至於與數位時代脫節；另外可針對新移民、原住民或年長者設計不同的教材，幫助居民學習使用數位產品的能力，例如讓弱勢者能藉著資訊工具取得有用的資源，並提升生活品質。

　　縮短數位差距是各國努力的方向，美國認為數位能力是面對科技社會必備的競爭力，因此制定了E-rate計劃，並透過政府與企業合作，達到提升資訊應用能的的目標。例如美國政府與微軟共同合作推出「提升美國」（Elevate America）活動，目標是在三年內提供全美至少200萬人資訊課程，以學習券（voucher）的形式針對不同程度的學員提供不同等級的課程，目標在於提升就業率並提高國家競爭力。

　　台灣的「發展優質網路社會計畫」（u-Taiwan）以及「行動台灣計畫」（M-Taiwan）也是類似的性質，由行政院NICI小組所推動。目的都在於打造機會均等的數位環境，提升國民數位水準，進而提高國家競爭力。

註：u= ubiquitous network society

前進

● 應用數位科技的能力可表現一國競爭力。
● 「知道資訊在哪並知道如何取用」稱為資訊素養
● 在台灣，數位科技能力由41-50歲這代開始驟降。

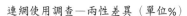

縮短數位落差的方法類似出借魚竿，同時教導如何釣魚！

數位落差調查報告（摘錄）

連網使用調查—兩性差異（單位%）

項　目	男性	女性	差異（男—女）
電腦使用率	76.9	74.3	2.6
上網率	72.5	69.2	3.3
行動上網率	55.0	50.9	4.1
外語網頁閱讀	32.4	27.2	5.2
搜尋特定資訊	72.2	72.6	（-0.4）
申請帳號密碼	76.2	73.9	2.3
電腦中毒／遭駭	50.5	49.4	1.1
檔案未備份而遺失	23.9	22.4	1.5
瀏覽當日新聞	80.3	80.0	0.3
搜尋消費資訊或比價	59.9	62.3	（-2.4）
搜尋健康醫療資訊	43.6	54.4	（-10.8）
使用電子地圖服務	57.4	51.0	6.4
線上金融	25.4	27.6	（-2.2）
網路購物	59.7	67.8	（-8.1）
網路販售商品	12.2	10.5	1.7
參與網路社群	63.3	66.5	（-3.2）
網路求職	77.1	78.0	（-0.9）

問...

連網使用調查—年齡差異

年齡（上網率）	各縣市上網情況說明
12-20（99.0%）	各縣市資訊近用機會均等，無明顯差異。
21-30（97.9%）	女性上網情形有城鄉落差。
31-40（91.7%）	沒有性別落差，但有城鄉落差。
41-50（69.6%）	上網率有城鄉差距，此外另有七縣市同時存在性別差距。
51-60（48.2%） 61-64（33.6%） 65-70（NA）	此年齡層（51-70）上網率驟降，且同時存在城鄉落差。
65歲以上（9.8%）	女性上網率低於男性，且同時存在城鄉落差。

資料來源：99年個人家戶數位落差調查報告（行政院研考會，2010）

56 資訊爆炸與資訊素養

中國寬帶資本董事長田溯寧對雲端服務做了很貼切的比喻，他說「大型主機時代是大家到河邊取水，PC時代是在自己家裡鑿井取水，雲端時代則是自來水公司出現，打開水龍頭就有水，又快、又方便」。而IBM中國研究院副院長陳瀅也認為雲端服務的優點就像在家可用自來水，但不需家家戶戶都擁有水庫。

尤其是資訊爆炸的時代，資料以驚人的速度成長和傳播，資料的格式豐富多變，檔案也愈來愈大，不要說一般家用電腦，對許多公司來說，資訊量和網路流量的成長速度根本超過負荷，因此雲端服務確實是為資訊爆炸問題找出一條解決之道。例如Google的搜尋引擎就是幫助人們在浩瀚網頁中找到所需資料的雲端服務。而IaaS、PaaS服務也是幫助這個時代解決運算能力不足的選項。

為了能夠運用雲端服務解決問題，新時代公民應該具備良好的資訊素養（information literacy）。資訊素養的原意是指「知道資料在哪裡，並且知道如何取得資料以解決問題」的能力，但所謂的「資料」也可以指各種服務和資源。也就是說，具有良好資訊素養的人，能夠理解遭遇的問題為何，並知道自己需要的資源和服務在哪，且具有取得這些資源和服務的能力。

過去一般人認為圖書館就是知識的水庫，上圖書館找答案是理所當然，但隨著數位資料的暴增以及網路的普及，圖書館的館藏占全球資訊量的比例愈來愈低，因此即使懂得如何善用圖書館，也必須懂得如何利用網路協助和服務，並從中受益。

Google與微軟相繼來台設立雲端運算中心，這表示我國的IT硬體製造水準受到國際肯定；但硬體的獲利有限，服務的獲利無限，我們應該透過各種努力培養創新精神，將資訊素養轉換為善用資訊而獲利的模式，為各類型產業思索出創新加值的服務，並將這些服務透過雲端技術快速且全面地推廣出去。

前進

● 雲端服務讓資訊生活更輕便，服務卻更好。
● Google解決了大量網頁的儲存和運算問題。
● 資訊素養是培養解決問題的能力。

解決問題的能力響個人與國家競爭力

問題發生
例如：綜合所得稅申報時間又到了，實在
懶得計算這些麻煩的單據數字……

擬定解決問題的辦法

聽說可以線上試算和申報……

解決途徑
哪裡會有我需要的答案？
到圖書館尋找報稅不求人之類的書籍、問親朋好
友、打電話問財稅局的人員或是上網查詢。我覺
得上網查詢最快，也能獲得最新穎的答案，所以
我決定查詢Google看看。
要用到哪些工具才能接近這些答案？
我需要可以上網的電腦。
我會用那些工具嗎？
在Google輸入關鍵字「網路報稅」發現只要到財
政部網站下載申報程式，安裝後就可以線上報
稅！而我還須要申辦自然人憑證及讀卡機。

資訊分析、判斷
利用網路申報可以省下很多試算時間，還可
以提早退稅，我決定採用這個方式！

問題解決完畢！

資訊爆炸與資訊素養

57 網路活動大不同

　　我們已經處於三螢一雲、隨時皆可上網的無縫生活當中,然而上網的目的是甚麼?日本和美國都針對熱門的網路活動進行調查,並分析各種活動的消長,藉此了解網民們的偏好、需求以及未來的趨勢。

　　以日本internet.com 2009年調查的結果發現日本的上網族群熱中於社群活動,包括社群網站、電子郵件、即時通訊等;其次是收集資料,例如登入新聞網站、綜合網站瀏覽資料;排名第三者則是為了工作而上網。

　　至於美國Nelson市調中心也針對美國人花最多時間從事的網路活動發表以下數據:高居第一位的同樣是社群活動,其次是線上遊戲和電子郵件(2010)。其中社群網站的使用時數成長的最快,2009年到2010年就成長了43%,相反的,在網路上收發電子郵件所花費的時間則減少了28%。

　　需要釐清的一點是「停留時間」的長短不代表網站受歡迎的程度或是網站的獲利能力。例如Google就不希望用戶長時間停留在搜尋畫面,那對於雙方都沒有好處,重點是讓使用者能在最短的時間內找到最需要的資訊。

　　在英國,女性網友上網的最主要目的是購物和交友,同時對於社交網站的參與度也高達七成(IPC Media, 2009)。

　　至於台灣民眾利用寬頻上網的目的依序為:搜尋資訊(52.70%)、看新聞氣象(31.39%)和瀏覽資訊、網頁(28.09%)。如果以網站類型來區分,最多人使用的是入口網站(56.24%),接著是新聞媒體(23.78%)及購物網站(22.72%)。

　　萬事達卡國際組織於2011年1月公布一項消費調查指出:台灣受訪者利用網路購物的平均年資為3.5年,僅次於同列第一的南韓和日本。這表示台灣居民對於網路消費不但有足夠的信任,而且商品的多樣性和購物便利性也讓上網消費變成一種習慣。

前進

- 社群網站的使用人口和停留時間都有驚人成長。
- 台灣網民對於線上購物的接受度很高。
- 智慧手機會改變上網的習慣的偏好。

用戶停留的時間長不代表一定好，短不代表一定不好！

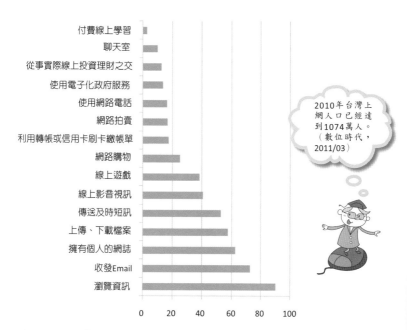

社群網路是竄升最快的網路活動

2010年台灣上網人口已經達到1074萬人。（數位時代，2011/03）

最近一個月曾於家中上網從事的活動
資料來源：資策會Find (2011/01)

網路活動大不同

中國	印度	巴西	俄羅斯	美國	日本
即時通	E-mail	搜尋引擎	搜尋引擎	E-mail	搜尋引擎
線上音樂	找工作	E-mail	E-mail	搜尋引擎	閱讀新聞
閱讀新聞	即時通	社群網路	其它	電子商務	E-mail
線上影音	閱讀新聞	即時通	閱讀新聞	閱讀新聞	線上影音

各國網民上網最常作的活動，由上至下依時間多寡排列
資料來源：BCG Digital Generations Consumer Research, 2009

58 異地備份與異地備援

　　資料備份是一件很重要的工作，主要是防止天災人禍──如地震、海嘯、戰爭、人為疏失──造成資料毀損，最常被企業援用的有異地備份和異地備援兩種。

　　異地備份顧名思義就是將資料備份到不同的地方。儲存的處所愈分散、副本的份數愈多，當然安全性就愈高，就好比將資料儲存在本地電腦、外接硬碟和遠端伺服器，就比儲存在同一顆硬碟的C碟和D碟來的安全，這也是Amazon的S3比RRS安全的原因（見本書66《Amazon的雲端服務(二)》）。Google網頁搜尋也有異地備份的設計，因為Google不但將龐大的網頁資料分散儲存在各地伺服器，同時還會複製備份，一旦某線上伺服器發生問題，備份的資料就可以提供服務。

　　異地備援也屬於資料備份的一種，但是它不只提供同步備份資料，還支援即時系統運轉。也就相當於架設第二套甚至多套系統，萬一本地伺服器在運作時發生問題，遠端的備援設備可以立刻接手。以銀行系統為例，當A資料中心因地震發生當機，遠端的B資料中心可以立刻接手，而且客戶往來資料也是最新的狀態。

　　由此可知，異地備援的成本相當的高，因為在運作同時還必須在不影響主機的情況下同步備份。而整套備援設備除了需要儲存空間，還要納入系統環境和軟體環境的建置，才能透過資料同步、系統同步的技術讓整體服務達到零落差的環境。

　　至於提供備援服務的業者可參考中華電信的hiDR（註）。hiDR共分三個等級：1.主機系統備援服務2.異地資料同步備援服務3.專屬系統熱備援服務：主要區別在1.是資料採非同步方式以磁帶備份，2.是資料為同步更新，和3.全天候啟動的熱機備援服務。後者的同步程度高，能立即接手任務的能力也高。

註：DR=Disaster Recovery，災難復原。

- 企業進行資料備份主要採用異地備份和異地備援。
- 備份的處所愈多、次數愈多，資料就相對較安全。
- 全天候熱機備援可隨時接手主機工作，等級最高。

重要資料都需要備份，市面上有多種等級的產品可供選擇！

異地備援的成本比異地備份高出許多

	異地備份Offsite Backup	異地備援Disaster Recovery
備份範圍	資料	系統＋資料
取用	藉助Duplicati、Rsync、SyncBack等軟體，透過FTP、SSH等方式傳輸。	由業者提供異地備援系統。如AppNet的SnapMirror與Metro Cluster技術。
支援速度	同步 Synchronous ．磁碟 非同步Asynchronous ．磁碟 ．磁帶	．熱備援 ．溫備援 ．冷備援

異地備份與異地備援

提供資料備份／備援的Zmanda公司。

提供資料備份／備援的Acronis公司。

一天一Google，大神來罩我佩吉和布林

在日常生活中，「Google」幾乎變成了動詞，我們常聽到的對話：「為什麼火星最可能有生物？」「你不知道嗎？去Google一下吧。」

Google是1996年由史丹佛的研究生Larry Page和Sergey Brin合作發展的搜尋引擎，原名為BackRub，1997年兩人用數學中的單位Googol（指1後面帶100個0的數值）為這個引擎重新命名為Google，藉以表示網路上的資訊非常可觀，而Google正是用來找出答案的最佳工具。

Google辦公室原本設立在Susan Wojcicki的車庫內，1998年正式申請註冊為Google Inc.，1999年遷往史丹佛附近的Mountain View市。2000年開始Google陸續推出各種語言介面的Google.com。除了網頁搜尋之外，Google陸續推出了Google工具列、Google圖片、Google新聞、Google商品搜尋等等。

過去，人們總是認為「對內容收費」是最合理的商業模式，例如付費下載音樂、電子書，然而Google完全摒棄這樣的邏輯，不論我們要搜尋專利或學術論文都完全免費，而收入來源則主要仰賴廣告，如出現在搜尋結果旁邊的關鍵字廣告--AdWords，以及嵌在部落格、網站內的AdSense廣告，此外還有商業版的Google Apps服務。這項創舉也打破一般人原先並不看好的預測，獲得比固定廣告費用更大的收益。

2004年Google正式在華爾街掛牌上市，開盤價格是每股85美元，時至今日，現在約為600美元。Google從不停止創新的腳步，也陸續推出了最大的影音平台YouTube、Google地圖導航、Google Goggles影像辨識、Google語音辨識、Google Chrome瀏覽器、車用導航等服務，連英國女王也啟用了專屬的YouTube頻道—The Royal Channel（王室頻道）。2011年威廉王子與凱特的婚禮就透過YouTube王室頻道現場實況轉播。

第7章
雲端服務好幫手
圖　說　雲　纖　維　運　算

59 走到哪印到哪的雲端列印

　　檔案只要儲存在雲端就能隨時取用，但是列印呢？現在只要依賴雲端技術就可以走到哪印到哪，這也就是「雲端列印」的意涵。亦即將資料放在雲端，想印就印。

　　雲端列印又可分為：指定印表機，和不指定印表機兩種模式。

1. 指定印表機

　　HP惠普（HP）推出的「雲端印表機」採用ePrint技術，每台印表機都有一組email信箱，使用者只要透過電腦或是手機將文件資料寄送到印表機所屬信箱，印表機就會自動將文件印出，電腦或手機本身完全不需要安裝印表機驅動程式。

　　Google另一項列印服務是由Google所提供的Google Cloud Print（Google雲端列印）。它將印表機與Google帳戶相連，不論我們想透過電腦或是行動裝置，只要登入帳戶就可以下達列印指令，一個帳戶可以與3台印表機設定連線。

　　這項服務必須同時在Windows環境下利用Google Chrome瀏覽器登入Google帳號才可運作，尚未支持Mac和Linux環境。其必須條件為：

・在Windows XP、Vista或Windows 7電腦中安裝可供您存取的印表機
・在Windows電腦中安裝最新版本（僅提供英文版）的Google Chrome
・Google帳戶

2. 不指定印表機—ASUS

　　ASUS WebStorage的「雲端列印」。Asus與7-ELEVEN異業結盟，儲存在ASUS雲端空間的文件可在全台4,700家門市列印，同樣不需要安裝驅動程式。非華碩用戶只要申請帳號就享有1GB的儲存空間，華碩用戶則可獲得10GB的空間。

前進
　　● 雲端列印讓出門在外也可隨處列印。
　　● 無須安裝驅動程式就可列印。
　　● 一個Google帳號可與三台印表機相連。

Google、ASUS及7-11的雲端列印服務

Chrome瀏覽器的工具選項可進行雲端列印設定

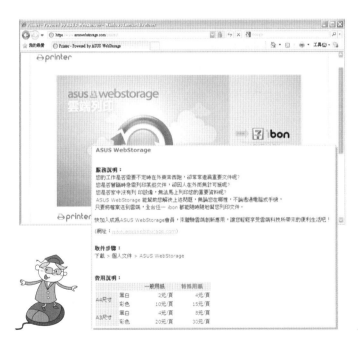

Asus雲端列印與便利商店合作，讓列印服務變得隨手可得

60 把個人電腦變成雲端伺服器

　　由於行動裝置如此普及，若出門在外也能利用手機或平板電腦直接讀取家中電腦的資料，那就太便利了。目前有許多幫助電腦變成雲端伺服器的軟體，以Tonido為例，Tonido是一套免費的應用軟體，必須安裝在本地電腦以及行動裝置中，目前已有中文環境可以使用。

　　首先，前往Tonido網頁的「Tonido on Desktop」再依據電腦作業系統的不同，下載適用的軟體。Windows、Mac及Linux和Ubuntu都可支援。安裝完成後在同一畫面申請帳號密碼，主機的設定就算完成。

　　接著是行動裝置的設定。以手機前往App Store下載Tonido App，安裝完成後只要輸入帳號密碼，就可以進入連線畫面。所有電腦上的資料都依據原本的位置和名稱條理分明的出現在手機上。只要其中一方對資料進行更動，另一端就會馬上同步更新。

　　Tonido這類軟體是將本地電腦直接雲端化，不需要透過第三者提供儲存空間，換言之，就是把電腦變成雲端伺服器。優點是不論走到哪都可以用行動裝置儲存，還可分享資料，讓得到授權的人可以下載需要的資源。它等於讓手機直接存取電腦資料，而不用透過第三地，又由於可以同步更新，因此不必擔心資料版本的問題。

　　除了Tonido之外，趨勢科技防毒軟體的用戶也能免費使用SateSync服務，即同步備份電腦資料並可由手機讀取。

　　相對來說，由於資料儲存於本地電腦，表示並沒有獲得額外的儲存空間、也沒有異地備份的功能。但一般免費空間多有儲存上限，又常限制單檔大小及流量，此外對於資料儲存在第三地有疑慮的人也不少，透過這套軟體雖無法為使用者創造更大的儲存空間，但如果使用者本身現有資源更龐大，那麼Tonido就是一個很好的軟體。

前進

- Tonido不提供儲存空間，讓資料留在本地電腦。
- 儲存容量：電腦的容量多大，就有多大的可用空間。
- 下載免費或付費的擴充套件就能使功能更強大。

許多免費軟體能幫助個人電腦雲端化

Tonido的操作畫面

利用手機即可遠端讀取電腦資料

目前有許多幫助電腦變成
雲端伺服器的軟體，例如
Tonido就是一套免費的應
用軟體。

把個人電腦變成雲端伺服器

145

61 用Word編輯Google雲端文件

Google文件是一個雲端軟體，利用瀏覽器介面編輯文件，而MS Office是桌面軟體，也是最廣為使用的工具，它的功能比Google文件多，但文件卻因為儲存在本地電腦，不易遠端存取和版本控制。現在透過OffiSync這個Window增益集（Add-in）就可以將Google文件的資料帶回本地電腦處理，處理完畢再按個鍵回存即可。

首先，前往OffiSync官網下載軟體，安裝之後就可以在Microsoft Office的Word、Excel 和PowerPoint等軟體的工具列上看到「OffiSync」的標籤。

以Word 2007為例，點選工具標籤就會看到圖1的外觀，按下「Open」就會出現可用來編輯的資料。選定標的後就可由Word進行編輯。即使有多人同時工作也無妨，因為工具列上還有一個「Update」的功能，可整合線上資料與本地資料，使內容同步更新。

Word文件也可透過OffiSync轉檔為Google文件，並儲存在Google文件中，但須為1MB以下的檔案，否則只能登入Google文件後再進行上載匯入。

Google文件可接受的格式		
儲存的格式	Office Worde格式	Google Doc格式
可線上瀏覽？	可	可
可線上編輯？	否	可
可在Word瀏覽？	可	可
可在Word編輯？	可	可
其它		接受轉檔的格式有：doc、.docx、.html、純文字（.txt）、.rtf

OffiSync有免費的Standard版本，和付費但功能更齊全、適合多人共用的Premium企業版可供選擇。

前進

- Google雲端文件可移到本地電腦後離線編輯。
- Google Apps企業版的用戶可直接上傳Word檔案。
- 即使多人共用也能簡單進行版本整合。

OffiSync能結合MS Word的強大編輯功能和Google Doc的雲端優點！

Google文件也可以帶到本地電腦離線編輯

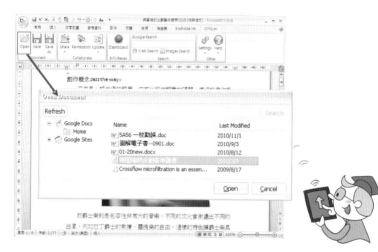

直接開啟Google文件或Google Sites的檔案

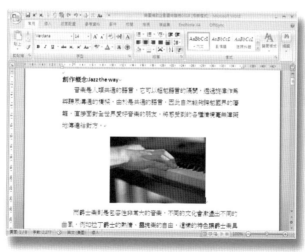

Google文件也可使用Word的各項編輯工具

62 中華電信HiCloud (一)

中華電信推出的雲端服務稱HiCloud，有CaaS（Compute as a Service）和StaaS（Storage as a Service），是將閒置的機房空間加以整合，成為可對外提供服務的資料中心；在服務的層級上屬於IaaS和PaaS，也就是提供硬體和平台為服務內容。此外中華電信也提供客戶關係管理（CRM）軟體，這項技術是與微軟合作，屬於SaaS層級的服務。

1. CaaS：雲端伺服器服務

中華電信將不同規格的硬體設備包裝成三種方案，分別是

經濟型	進階型	專業型
1個雲端運算核心	2個雲端運算核心	4個雲端運算核心
2GB記憶體	4GB記憶體	8GB記憶體
100GB儲存空間	100GB儲存空間	100GB儲存空間
專屬IP	專屬IP	專屬IP
		每月Snapshot還原

至於作業系統可選擇Windows或是Linux兩種，由中華電信直接提供，無須自行建置，用戶只要從遠端登入就可以開始載入自訂的應用環境，等於直接租用一台遠端伺服器幫忙處理業務。由於採用虛擬技術，硬體的擴充非常具有彈性，不論提高硬體效能或是增加伺服器數量都很容易。

在資訊安全方面因為採用SSL金融級的加密機制，即使是企業也可以放心；又因為計費採日租方式計算，所以也適合短期租用，例如舉辦特殊活動時（博覽會、大型會議、票選活動、影片選拔等）可透過租用專屬IP網址，免除原網站伺服器面臨流量暴增的問題。

2. StaaS：雲端儲存服務

雲端儲存服務稱為網路保管箱（SafeBox），分為個人版和企業版兩種，這項服務相當於讓用戶向中華電信租用硬碟。

前進

- HiCloud是中華電信的雲端運算服務。
- 分為硬體、儲存空間和軟體三種雲端服務。
- 伺服器可以用日租的方式計費。

中華電信雲端服務採用金融等級加密機制，非常適合企業使用！

中華電信雲端服務HiCloud

服務類型	雲端運算CaaS	雲端儲存 STaaS-SafeBox		雲端軟體
等級	經濟型 進階型 專業型	個人版：		CRM
		5GB	50GB	
		20GB	100GB	
		大容量企業版		
計費方式	日租	月租／年租		月租
適用系統	Windows Linux	Windows		瀏覽器須為IE 6.0 SP2 up

透過虛擬化技術僵硬體各項資源（CPU、記憶體、硬碟等）加以分割利用，規劃出三種等級之主機。

提供2種作業系統（OS）。

資料來源：中華電信

149

63 中華電信HiCloud (二)

　　HiCloud的SafeBox在個人版的服務方面，共有4種容量等級，用戶可以自行選定適合的方案；而企業版的儲存服務對象是超大容量的客戶，透過多帳號管理可將容量分配給員工使用。

　　為了保障資料安全，SafeBox儲存的資料至少被複製2份以上，並採多點儲存降低資料毀損的疑慮，此外它還具有以下特性：

1. 支持續傳功能，下次連線直接從中斷點開始備份。
2. 差異性備份：採差異備份，亦即同一份文件只備份有差異之處，節省傳輸時間和儲存空間。
3. 版本回溯：可備份不同時間點的檔案，並隨時進行還原。
4. 友善的操作介面：不論是通訊錄、E-mail或Bookmark，只要按個鍵就可以上傳。
5. 使用中的檔案也可以邊操作、邊上傳。
6. 可備份整個外接硬碟的所有資料，還具有很好的管理功能。

3. CRM：客戶關係管理系統

　　客戶關係管理系統是中華電信推出的SaaS服務，透過CRM分析可以了解和影響客戶的行為，通常針對銷售、行銷和客戶管理等活動進行記錄。這些記錄可以幫助自己提供更貼近顧客的服務，也幫助提升客戶的獲利率。

　　中華電信的CRM軟體與微軟的Outlook相似，操作容易，只要由公司的網域連結到CRM網站就可以使用；如果想直接使用現有的Outlook 2007也可以，只要再安裝Microsoft Dynamics CRM 4.0 for Microsoft Office Outlook即可。同時它可為企業量身打造適合的表單、報表和工作流程，且重要資料都以加密方式存放在機房內，以確保資料不會外洩。

前進

- 存放在SafeBox的資料會被系統備份2次以上。
- 除了當作儲存空間，還可當作還原備份。
- 中華電信CRM與台灣微軟、國眾電腦合作。

SafeBox中資料至少被複製兩次以上,並儲存於多處確保安全!

不同的資料備份技術與CRM種類

完全備份	差異備份	增量備份
備份全部的資料,備份完畢後就會標示為已備份。	差異備份只對上次「完全備份」後發生變化的部分進行備份,速度較慢,但還原速度快,所需容量較大。較適合經常備份者。	不論前次是採用何種方式備份,只要備份後有資料發生任何變化,就會針對有變化的部分再備份,備份完畢後會標示為已備份。速度較快,但還原的速度較慢,所需容量小。

中華電信HiCloud(二)

客戶關係管理CRM			
類型	操作型 Operational	分析型 Analytical	協同型 Collaborative
使用技術	透過IT技術改善作業流程	透過商業智慧(BI)的技術分析客戶行為。	整合企業和客戶互動管道。
服務內容	銷售自動化 行銷自動化 服務自動化 客戶服務 行動銷售 現場服務	透過報表系統、線上分析處理和資料探勘技術達到分析目的。	管道包括: 客服中心 網站 電子郵件 社群網路 等
功能描述	正確地做事	做正確的事	強化服務品質和時效

資料來源:《CRM有三種,該選哪一種?》洪登貴(2010/03)

因為CRM是雲端軟體,也就是除了可在公司操作,還可以透過行動裝置上網使用。

租用CRM帳號可節省購買硬體設備、裝置空間和IT網管人員的費用成本。

高達36%的企業認為CRM是一項必須投資,過去常用在金融、製造、政府、高科技、和服務業。

151

64 客戶關係管理CRM

　　開發一個新客戶的成本是維持舊客戶的五倍，企業要努力不讓客戶流失，就必須以客戶的需求為優先，制訂各種服務策略以贏得信賴。要使各項服務即時而且準確，則有賴客戶關係管理（Customer Relationship Management，CRM）的技術。

　　CRM是應用資訊技術管理企業與客戶間所有往來資料，包括基本資料、交易明細、特殊需求、解決過程等；以上項目尚只是一種「記錄」，重點在於如何「分析」客戶行為模式，甚至進一步「預測」客戶的需求。而CRM正是幫助企業了解如何在各方面提升效率，降低浪費的工具，進而幫助公司強化客戶忠誠度，吸引潛在客戶。

　　然而不同領域的組織需要不同的管理系統，因此過去各家企業多採獨立專案方式建立系統。僅流程規劃就需要半年左右的時間，如果再以就地部署（on-premise）方式建置，通常也需耗時1年以上。但中小企業並沒有足夠的財力建置系統，也沒有人力進行維護，因此租用雲端隨選即用（on-demand）的CRM軟體就成為企業考量的方向。

　　根據Gartner的研究指出：全球隨選即用CRM軟體的市場由2005年不到5百萬美元，上升到2009年的23億美元，年成長率高達46%，相對於就地部署的CRM軟體只有個位數的成長率可知，雲端CRM軟體更受到企業的歡迎。

　　這一切歸功於雲端軟體導入時間較短，可依據公司特性隨選即用，且無須自行維護；同時還可搭配其他加值服務，如簡訊、eDM等，所以吸引各類型公司選用。除了常見的金融、製造等組織接受CRM成為客戶管理的工具之外，現在CRM廠商也將觸手伸向非營利組織，

前進

- 開發新客戶的成本是維持舊客戶的五倍。
- 非營利組織也開始導入CRM系統。
- 隨選即用的CRM軟體成長率遠高於就地部署。

CRM的服務種類繁多企業可視需要個別或整套訂購！

客戶關係管理系統亦可預測需求

 Chatter
即時協同合作能更有效的運用公司專業知識，
客服人員就能迅速完成最複雜的個案。
進一步瞭解...

 客戶入口網頁
除了打電話至客服中心，Salesforce 讓客戶也
能登入安全的客服網站，並能自己找到相關資
訊，解決他們的問題。

 知識庫
透過集中的知識庫，在每個面向，對每位客戶
接觸點提供精確的回答。

電子郵件
透過整合式電子郵件工具提供迅速、有效的服
務，讓您儲存腳本、傳送電子郵件，以及追蹤
電子郵件的讀取狀態。

 社群
客戶可對您提供深入見解，例如發表其構想、
彼此協同合作，以及給予您寶貴的意見回饋。

 合作夥伴
無論客戶致電給您或合作夥伴，都能提供絕佳
的服務。透過共用客服應用程式，讓夥伴和您
都能跟上進度。

流程管理員
服務和流程的自動化，如此客服就能迅速處理
最複雜的客戶個案。

 合約與授權
讓每位客服人員能即時洞悉客戶的授權和服務
層級合約，確保每位客戶都能獲得最佳的服
務。

 電話客服中心
所有相關的客戶資訊和歷程記錄都集中保存，
客服人員就能提供客戶所期望的精確而有效率
的服務。

 社交
與網路社群如 Twitter 和 Facebook 整合，聆聽
並回應有關公司的社群對話。

分析
隨時衡量重要的服務度量指標(KPI)，找出績效
良好的部份以及需要及時改進的部份。

 交談
讓客戶選擇直接與客服人員即時交談。這些全
都會在 Salesforce 中追蹤並管理。

 搜尋
許多客戶會採用搜尋引擎尋找產品和服務的解
答。將知識庫中的解答放到這些搜尋結果清單
的最上方，更快解決問題。

 行動
在客服中心外，也能透過行動裝置提供絕佳的
客戶服務。

 AppExchange
瀏覽我們的線上應用程式市場，夠多的應用，
將您的成功擴展至整個服務和支援組織。

Service Cloud 2 - 價格和版本

撥給一名客戶服務員 — 從電話受理中心到總公司、前至空港實、在 60 秒內開始使用、所有 Service Cloud 版本現在皆含 Chatter！

概觀		
功能	Professional	US$65 /使用者/月
價格和版本	Enterprise 多數的最受歡迎的版本	US$135 /使用者/月
客戶	Unlimited	US$260 /使用者/月

Saleforce.com的CRM系統--Service Cloud 2--及收費標準

65

Amazon的雲端服務 (一)

Amazon由網路書店起家，消費者遍布全球160個國家（地區）超過1千3百萬名，商品多達430萬種。由於要處理龐大的商品和客戶資料，所以建置了相當可觀的IT設備。為了業務上的便利，Amazon選擇將多餘的IT資源出租給合作夥伴（出版社等），這種服務模式便成為Amazon雲端服務**EC2**（**Elastic Compute Cloud**）的開端。

由於這項服務大受歡迎，Amazon一改服務範圍，即使不是Amazon的合作夥伴一樣可以向Amazon租用IT設備。

首先向Amazon申請一組帳號，具有Amazon帳號的用戶需在用戶端安裝管理工具，例如Elasticfox，這些工具是進行遠端管理之用。接著便是選定伺服器等級。不同的等級代表不同的設備和運算能力。以Micro Instances為例，它提供了以下規格：

613 MB memory	32-bit or 64-bit platform
Up to 2 EC2 Compute Units	I/O Performance: Low
EBS storage only	API name: t1.micro

EC2也提供1千種作業系統映像檔（Amazon Machine Images, AMIs），用戶可透過目錄選取並安裝，遠端伺服器就會產生對應的虛擬機器。每台機器可使用不同的作業系統、運算環境和應用程式；即使選用同一個映像檔亦可建立多台虛擬機器。若不想使用Amazon提供的映像檔，也可透過協助工具上傳自備的映像檔，建立執行環境。

現在，這些虛擬機器已經可以藉由用戶端的管理工具執行各種運算指令。但此時所有存在於虛擬機器上的資料會隨著機器停止運作而消失，所謂的「停止」包括運算結束、當機或是其它意外。為了安全起見，用戶可租用Amazon的附加服務「Elastic Block Store」加掛硬碟，並透過「volumes」儲存資料，及「snapshot」快照功能製作硬碟還原備份。

前進

- Amazon EC2讓用戶可透過網路進行遠端管理。
- 一台虛擬機器就等同一台電腦，可設定不同環境。
- 透過EBS可加掛硬碟，進行資料快照和備份。

使用Amazon EC2前的設定流程

完成，可開放使用。

取得固定的IP Address

可租用Elastic IP Addresses以取得固定IP位置。

為了資料安全，可利用Amazon Elastic Block Store外掛硬碟，不但可以儲存資料，還可透過快照（snapshot）功能製作不同時點的可還原備份。

使用虛擬機器映像檔（Image）以建立虛擬化設備（virtual appliance），可執行多個作業系統和軟體。
用戶可選擇
1.AMIs（Amazon Machine Images）或
2.自行建立映像檔

用戶端，先安裝管理工具以管理遠端虛擬機器。

66

Amazon的雲端服務 (二)

如果伺服器上的資料僅供自用，例如某研究室租用EC2計算大量數據或跑模擬，那麼以Amazon DNS（動態網域名稱服務）分配的虛擬機器名稱即可登入操作。

但如果虛擬機器上的資料準備對外提供服務，例如在機器上架設社群網站，外界用戶須要經常登入此機器位置，就適合採用固定IP的做法。要取得固定IP可透過「Elastic IP Address」服務，取得IP後就可任意分配給數台虛擬機器共用。

Amazon還有一項附加服務「Simple Storage Service」（S3），顧名思義這是提供儲存空間的服務。Amazon對S3服務提出了服務水準協定（Service Level Agreement,SLA），也就是保證每個「帳單月份」時間內的資料穩定度（durability）達到99.999999999%（11個9）的水準，資料可讀寫（availility）的時間也達到99.99%（4個9）。換句話說，以1個月30天共43,200分鐘來計算，無法讀寫的時間不能超過4.32分鐘才能達到保證水準。至於EC2的SLA為99.95%，表示1年365天內僅容許4.38小時可能發生服務異常的問題，超出的部分將以退款做為補償。

另一個穩定度和可讀寫率皆為99.99%（4個9）的儲存服務為RRS（Reduced Redundancy Storage），費用較S3為低，因為S3透過「資料被複製到多處、多個磁碟進行備份」以達到11個9的穩定水準，但RRS僅複製到同一磁碟的不同區內，成本較S3低，所以相對便宜，即便如次，穩定度仍比一般磁碟備份高出400倍。

想要嘗試Amazon雲端服務的人可以先參加AWS Free Usage Tier活動，也就是可以免費試用1年Micro Instance等級的設備和特定儲存空間及頻寬。

前進
- Elastic IP Address可提供固定IP給虛擬機器。
- Simple Storage Service提供一般儲存空間。
- SLA是一種保障服務水準的契約。

Amazon儲存服務分為S3和RRS兩種，服務水準不同！

S3資料穩定度保證每月11個9

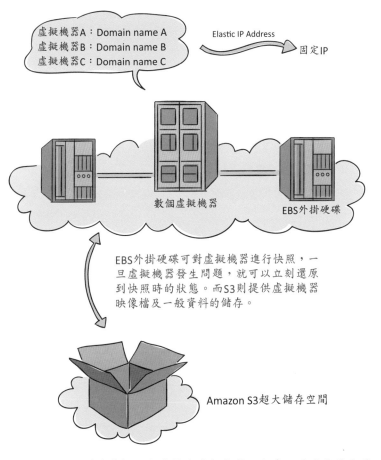

虛擬機器A：Domain name A
虛擬機器B：Domain name B
虛擬機器C：Domain name C

Elastic IP Address

固定IP

數個虛擬機器

EBS外掛硬碟

EBS外掛硬碟可對虛擬機器進行快照，一旦虛擬機器發生問題，就可以立刻還原到快照時的狀態。而S3則提供虛擬機器映像檔及一般資料的儲存。

Amazon S3超大儲存空間

　　EC2的伺服器被虛擬化成為數台虛擬機器，各有不同的機器名稱（Domain Name），管理者可透過這些名稱登入，但透過Elastic IP Address申請固定IP後，將有利於外界用戶登入。

157

67

Google應用服務引擎(一)

Google應用服務引擎（Google App Engine, GAE）是由Google提供的應用程式開發和代管平台，以雲端服務的分類來說，GAE屬於PaaS（平台即服務）的層級。

其特點是只要申請帳號即獲得永久免費配額，包括可以建立10套應用程式、500MB的儲存空間和500萬人次的月瀏覽數。換句話說，新創公司在業務量小的創業初期可完全不用投入任何經費，如果業務量變大，再付費升級即可，非常適合財務不寬裕者嘗試。

另一特點是GAE僅提供網路應用程式（web application）的開發，也就是這些程式必須可透過瀏覽器開啟，而不像Amazon CE2允許開發一般應用程式。

要在GAE開發應用程式，首先須選擇Python或是Java語言環境，確定後就可以下載該語言的軟體開發套件（Software Development Kit, SDK），套件內包含各種API和程式庫，採圖形使用者介面（GUI），讓開發者可以快速在套件上發展程式；這些API包括：資料存放區、Google 帳戶、URL 擷取以及電子郵件、影像操控和Memcache高速存取等程式軟體。

撰寫完成的應用程式碼（application's code）、靜態檔案（static files）和設定檔（configuration files）可上傳到App Engine。要管理App Engine也非常簡單，只要在登入本地電腦的管理控制台（The Administration Console）即可。它是網頁式介面，可以建立新的應用程式、網域名稱、程式版本變更、檢視登入情況及錯誤記錄，並可瀏覽資料存放區（datastore）的現況。

前進
- GAE平台僅供開發網路應用程式（web application）。
- 目前有Python和Java語言軟體開發套件可選。
- 可透過直／編譯器使用JavaScript、Ruby、Scala語言。

GAE的開發流程

利用「管理控制台」管
理引擎內的應用程式。

Google應用服務引擎
（Google App Engine）

1. 上載　a.程式碼（code）
　　　　b.設定檔（configuration）
　　　　c.靜態檔案（static files）
2. 管理資料存放區（data store）
3. 下載記錄資料（log data）

Python SDK
（Window環境）。

可利用APIs協助開發。本階
段會利用沙箱（SandBox）
隔離虛擬機器，阻絕干擾情
況發生。

Python /Java SDK

下載SDK（軟體開發套件）。有Python
與Java兩種程式語言環境可供選擇。

start!　申請Google帳號

159

68 Google應用服務引擎(二)

軟體開發套件（SDK）可讓本地電腦模擬應用程式Google App Engine（GAE）上執行的真實情況，由於GAE會將應用程式的要求分散到多個伺服器，為了防止程式之間彼此干擾，會將這些程式放在沙箱（Sandbox）的環境中執行。

沙箱原本是讓小孩玩沙的大箱子，不論小孩怎麼玩，沙子都還是在特定空間內：應用到網路安全設計上，指的就是應用程式會被隔離在一個安全的環境中，不論執行任何動作，都不會影響其他程式。而沙箱環境之所以安全，就是透過一些特殊限制，例如不允許開啓通訊端或直接存取其他主機、不允許發出其他種類的系統呼叫（system call）等。

GAE亦提供分散式資料儲存的服務。隨著造訪和查詢流量不斷增加，資料存放區也會不斷地變大。但由於所有的資料物件（又稱實體）都經過索引編製，所以在讀取和查詢上相當快速，對於將資料進行排序或是篩選也很便利。

值得住意的是Google App Engine與Google Apps都是由Google提供的服務，但兩者是不同的產品。前者提供一個環境讓開發人員開發應用程式。後者則是由Google開發的應用程式，例如網站、郵件、日曆等，並有免費版、企業版、教育版、政府版、非營利組織版供各界選用。在本書第33節「由B2C到B2B」提到日本大學採用Google Apps教育版的Gmail服務即為一例。

上傳完成的應用程式在預設情況下即開放給所有具Google帳號的使用者，但開發者也可以限制使用對象為特定人，例如日本大學就可以透過GAE設計一套網路應用程式，並僅允許該校師生（具有該校email帳號者）登入使用。

前進

● 沙箱是保護程式間不互相干擾的安全環境。
● Google Apps是SaaS等級的服務。
● 程式開發者可自由選擇服務對象。

沙箱並非一個實體區域，而是透過各種限制組成的運算環境！

三種易混淆的Google雲端服務

Google服務	層級／對象	說　明
App Engine	PaaS 軟體開發者	網路應用程式（web application）的開發平台，可免費使用，流量增加時再付費擴充升級即可。
Apps	SaaS 終端用戶	有Gmail、日曆、文件、論壇、協作平台和影片等功能，可與教育單位、企業機構、政府組織合作，並與內部系統整合。例如：日本大學、City of Los Angeles。
Gadget	SaaS 終端用戶	小工具，例如：字典、計算機、天氣預報、棒球、匯率等。可直接貼至個人網頁，如iGoogle首頁或部落格。

Google應用服務引擎（二）

69 Windows Azure Platform(一)

微軟在2008年發表了微軟雲端策略（Microsoft Cloud Strategy），這項策略的軸心是「Software + Services」，也就是結合雲端服務與本地軟硬體的彈性服務，整合橫跨IaaS、PaaS和SaaS的微軟產品，讓用戶可以自由選用自建部署私有雲，或選用微軟雲端軟體，或是採兩者混合模式，例如：自建部署的環境可存放機密性高的資料，搭配微軟的雲端軟體擴充資源，同時在開發平台上增強現有程式的功能。

Windows Azure Platform是由Windows Azure、SQLAzure、AppFabric所組成：

Windows Azure可視為整個platform的作業系統，屬於一種PaaS的服務，它的特點是可以結合雲端軟體與現有的自建部署（on-premise），讓企業可以自由地運用兩者的優點。Windows Azure是由眾多Windows Server 2008所組成的作業環境，開發人員可在此開發雲端應用程式，或在此執行其他應用程式，以及增強現有的應用程式。

SQL Azure舊稱SQL Service，是一種雲端關聯式資料庫服務，用戶可將現有資料存放區連結到SQL Azure，還支援離線使用，也就是透過此技術將私有雲內的資料向外延伸。

AppFabric：舊稱NET Services，提供安全的連線，能將雲端服務與自建部屬的資料加以整合橋接，並協同運作，不受語言、平台和標準限制。主要工作有服務匯流排、認證和工作流程。

過去SQL Azure和AppFabric是架構在Windows Azure上的應用服務。Windows Azure最大的特色在於其應用程式分為三種角色，分別是1.提供Web介面的「Web Role」網頁程式角色；2.可向外送出請求、相當於常駐執行的背景程式的「Worker Role」；及3.屬於IaaS層級的「VM Role」。不論何者都可設定多個虛擬機器。

前進

- Windows Azure是軟體開發平台。
- Web Role負責接受用戶端的HTTP要求。
- Worker Role是Windows Azure的服務應用程式。

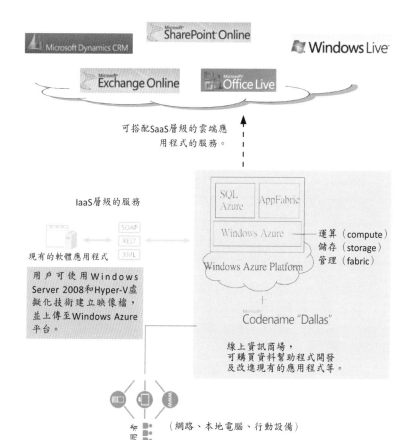

Azure Platform是PaaS層級的服務，可搭配Windows雲端軟體！

微軟雲端軸心是Software + Services

可搭配SaaS層級的雲端應
用程式的服務。

IaaS層級的服務

現有的軟體應用程式

用戶可使用Windows
Server 2008和Hyper-V虛
擬化技術建立映像檔，
並上傳至Windows Azure
平台。

SQL
Azure   AppFabric

Windows Azure

Windows Azure Platform

運算（compute）
儲存（storage）
管理（fabric）

＋

Codename "Dallas"

線上資訊商場，
可購買資料幫助程式開發
及改進現有的應用程式等。

使用者

（網路、本地電腦、行動設備）

Windows Azure

Windows Azure提供的可擴充
環境具備運算、儲存、代管
和管理功能。它透過安全的
連線、通訊和身分識別管理
連結公司內部的應用程式。

SQL Azure

SQL Azure是一個雲端關聯式
資料庫。隨時隨地使用您的
資料。SQL Azure是雲端中的
完全關聯式資料庫。

Windows Azure platform
AppFabric

AppFabric提供雲端的網路服
務。AppFabric確保公司內部IT
應用程式和雲端服務之間的連
線和通訊安全性。它的身分識
別管理穿透防火牆的通訊功能
正保障您的資產。

Windows Azure Platform（一）

163

70 Windows Azure Platform(二)

而Windows Azure有三個核心功能,分別是運算(compute)、儲存(storage)和管理(fabric)。

1. 「運算」相當於Windows作業系統,可視為虛擬機器(instance),開發人員可透過C#與Visual Basic.NET語言開發軟體,即使是非Microsoft程式設計語言撰寫的軟體也能部署和執行,而且軟體可以是網路軟體或是單機軟體。

2. 「儲存」分為三種型式:**Blob**:儲存非結構化的空間。
Table(資料表):儲存結構化的空間。**Queue**(佇列):一種訊息佇列服務,可讓不同的虛擬機器間互相通訊,也可讓不同角色之間相互溝通。

3. 「管理」:軟體要使用的資源和設定都配置於此,開發者僅須將軟體的Fabric映像檔上傳至Windows Azure,以便在本地機器建立執行環境(Development Fabric)。

要管理上述三者必須依靠**Fabric Controller**,它是負責管理虛擬機器(virtual machine)、作業系統(operation)和軟體部署(configuration)的管理機制,可跨越實體、虛擬環境部屬和更新伺服器、本地電腦及其他裝置。

Windows Azure之所以能夠讓雲端服務與自建部署輕易結合,虛擬機器角色(VM Role)提供了很大的幫助。VM Role是2010年10月發表的新服務,只要用戶利用微軟的Hyper-V虛擬化技術建立作業系統和應用程式元件,並儲存基礎磁碟映像(Base Disk Image)和差異磁碟映像(Defferential Disk Image),上傳到Azure平台,用戶就可以將它部署到Azure的Worker Role的虛擬機器中。

整體來看,微軟的雲端策略已經涵蓋了IaaS、PaaS和SaaS各層級的服務,無論是使用虛擬技術建置私有雲,或是利用雲端作業系統開發軟體,亦或直接採用微軟的雲端軟體,都讓用戶保有彈性和自主權。

前進
- 過去虛擬機器都是由微軟預先組態再發布到伺服器上。
- 透過VMRole可在虛擬機器產生Web/Worker Role。
- 用戶可自製環境組態,功能近似IaaS層級。

Windows Azure服務項目與收費

Windows Azure Platform的服務也提供SLA（服務等級協定）的保證（細節請參考Windows Azure官網）：

Windows Azure SLA─以單月（30天）計算	
運算	Web Role至少有99.95%的水準。
儲存	99.9%的水準。
SQL Azure SLA─以單月（30天）計算	
資料庫連線至網際網路閘道的可用率為99.9%。	
AppFabric SLA以單月（30天）為一週期，5分鐘為測量間隔。	
與Windows Azure SLA類似。	

Windows Azure

(此為北美地區參考價格)

- 運算 = $0.12 / 小時
- 儲存 = $0.15 / 以 GB 為單位的資料儲存量 / 月
- 儲存異動 = $0.01 / 10K
- 資料傳輸 = $0.10傳入 / $0.15 輸出 / GB -（亞洲地區：$0.30 傳入 / $0.45 輸出 / GB）

SQL Azure

(此為北美地區參考價格)

- 網路版本：最高 1 GB 關聯式資料庫的費用 = $9.99 / 月
- 商用版本：最高 10 GB 關聯式資料庫的費用 = $99.99 / 月
- 資料傳輸 = $0.10傳入 / $0.15 輸出 / GB -（亞洲地區：$0.30 傳入 / $0.45 輸出 / GB）

Windows Azure platform AppFabric

(此為北美地區參考價格)

- 訊息 = $0.15/100K 訊息操作，包括服務匯流排訊息、存取控制交易及服務管理操作
- 資料傳輸 = $0.10傳入 / $0.15 輸出 / GB -（亞洲地區：$0.30 傳入 / $0.45 輸出 / GB）

Microsoft Codename "Dallas"

Microsoft® Codename "Dallas" 這項嶄新服務能讓開發人員與資訊工作者輕鬆探索、購買和管理 Windows Azure 平台的優質資料訂閱。Dallas 是一座資訊商場，讓頂尖的商用資料供應者和具有公信力的公共資料來源所提供的資料、影像和即時網路服務能夠集中在同一個位置，使用整合為一的佈署與計價架構。此外，Dallas API 讓開發人員與資訊工作者幾乎可以透過任何平台、應用程式或商務工作流程來使用此優質內容。

71

炙手可熱的Facebook

許多台灣網民是因為「開心農場（Farmville）線上遊戲而開始認識Facebook。Facebook是一個流量相當驚人的網站，不但註冊的會員數龐大，也有愈來愈多媒體搶著搭上Facebook的社群熱潮，藉由社群網路的影響提高用戶數量和忠誠度。現在，不論是網站或是遊戲，甚至行動電話都能與Facebook連結，透過朋友間口耳相傳達到推廣的目的。

Facebook提供了開發工具和開發平台，讓用戶能利用個人網站（Websites）、Facebook 應用程式（Apps on Facebook.com），以及iOS及Android系統的行動電話（Mobile Apps）上推廣自己的服務，把服務變得更有社群感。

以個人／企業網站為例，Facebook準備了許多現成工具讓網站管理員輕鬆套用，例如想在自己的網站上提供「讚」、「分享」等選項，就可以利用「Social Plug-ins」的功能嵌入這些功能。如：

若想在iOS平台上開發與Facebook有關連服務的開發者，可以下載Facebook的iOS SDK（iPhone & iPad），iOS 開發套件內的API是採用Apple規定的語言——Objective-C——所撰寫，代表可直接複製套用。

至於想要將應用程式直接發佈在Facebook上，例如開心農場，就必須先向Facebook註冊，取得開發人員身分後再進行開發。至於開發工具包可直接線上下載各平台的SDK，包括：

PHP SDK   iOS SDK

JavaScript SDK   Android SDK

Python SDK

● 目前註冊人數超過五億（500 millions）人。
● 超過2.5億人會利用行動電話登入Facebook。
● 平均每位用戶有130位朋友。

前進

企業除了利用一般廣告，還會透過Facebook讓產品更具社群感！

許多人透過線上遊戲而認識Facebook

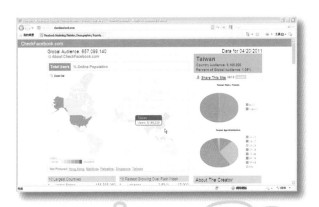

台灣註冊Facebook人口數達到9百多萬人，男性略多於女性，但差異不大，以25-34歲的年齡層為主要使用人口，其次是18-24歲。

Facebook Developers提供多種開發平台和工具。

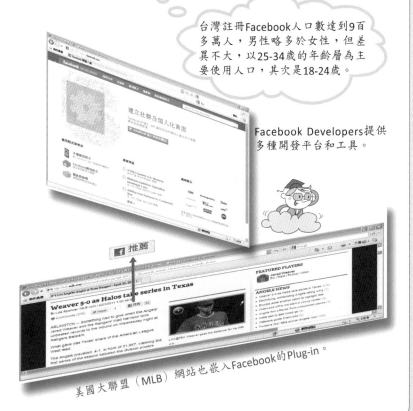

美國大聯盟（MLB）網站也嵌入Facebook的Plug-in。

炙手可熱的Facebook

167

72 免費的雲端儲存空間(一)

開始選用某項服務之前,最好能徹底了解它是否真正符合我們的需求,除了安全、操作容易之外,是否易於轉換平台等都是可以參考的項目,而「直接體驗」正是最佳方式。以下將介紹一系列免費的雲端儲存服務,而且容量至少1GB以上者。這些網站都有各自的特點,有些是容量大、沒有流量限制,有些可以自動備份,有些則可跨平台,有的甚至支援線上影音串流。

免費空間的服務對象多是個人用戶,它可以做為資料備份之用,也可以成為資料共享的好幫手,許多大型檔案無法使用email傳送,就可透過資源共享的方式在雲端存取。

某些免費空間並不限制用戶上傳何種形式的檔案,但也有許多網站會限定只接受某種屬性的資料,例如YouTube僅接受影片,但沒有總容量限制(但每段影片最大為2GB、15分鐘以內)。也有許多可上傳相片的網路相簿,如PCHome相簿沒有容量限制,但有流量管制,每月最多可上傳300MB。Xuite相簿則為2GB。

某些免費空間只提供給特定客戶,例如PC-cillin™ 2011 雲端版客戶免費享有10 GB 的線上備份空間,賽門鐵克付費用戶可享2GB 線上儲存空間等,都值得善加利用。

Google提供的網路空間

Google產品	容量	說明
Blogger	300MB	部落格
Google文件	1GB	提供Office軟體
Picasa	1GB	網路相簿
Gmail	7GB	網路電子郵件
Google網站	10GB	利用Google Apps建立的網站可享有此免費儲存空間。Google Apps for Business和Education可再多500MB。
Google Storage	100GB	這項服務提供超大的儲存空間,然而僅限於受邀者才能享有,個人亦可去信申請,或直接付費使用。

前進

- 免費儲存空間適合個人用戶。
- 許多網站僅允許特定類型的資料。
- 容量、頻寬和上傳限制都是考量重點。

讓行動裝置也能隨時讀寫雲端內容

4shared還可支援行動裝置

只要申請Windows
Live會員，就享有
25GB超大空間，而
且採拖曳式操作，
十分簡便

免費的雲端儲存空間（一）

73 免費的雲端儲存空間(二)

　　以下資料係依照儲存空間由大至小排序，但空間大小並非唯一考量，在選用同時也應該注意服務供應者的信譽，否則資料的安全將面臨極大的風險，例如被盜用、或是損毀等。

GlideOS	30 GB 資料同步	最高6位使用者 以瀏覽器為介面，跨多平台
Windows Live SkyDrive	25 GB	50MB/單檔
4shared	10 GB	無流量限制
Uploadingit	10 GB 200 MB/單檔	流量限制=10GB/天
UploadPlay	10 GB	750MB/單檔（未註冊會員者） 流量限制=4GB/天
Open Drive	5 GB 100 MB/單檔	流量限制=1GB/日 連線速度=200kb/s
DivShare	5 GB	流量限制=10GB/月
Miroko	5 GB	本人帳號無流量限制 他人讀取=60GB/月
SugarSync	5 GB	支援多種電腦和行動作業系統
MyOtherDrive	2 GB	無流量限制 有Ads廣告出現
DropBox	2 GB 自動同步 資料續傳	可同步多種電腦作業系統和iPhone。
ZumoDrive	2 GB	支援多種電腦和行動作業系統
Xuite隨意窩	2 GB/10 GB	中華電信客戶即享有10GB容量。
ASUS華碩	1GB	ASUS Webstorage免費申請。ASUS用戶可獲得 10GB空間。
Files AnyWhere	1 GB	支援多種電腦和行動作業系統，還可用手機傳真。
Uploadie	1 GB	100MB/單檔

前進

- 需注意服務提供者的信譽以確保資料安全。
- 跨平台的讀取功能很適合持有行動裝置者。
- 許多業者提供短期試用，亦可作為參考。

第七章　雲端服務好幫手

儲存空間不是容量大就是好，要注意各種限制！

SugarSync適用於七種作業系統

安裝DropBox軟體後，直接拖曳檔案就可置入遠端硬碟

ZumoDrive的操作畫面

免費空間大小並非唯一考量，資料的安全性亦是考慮重點。

免費的雲端儲存空間（二）

171

打卡！Facebook
馬克‧佐克柏

馬克‧佐克柏（Mark Zuckerberg）出生於1984年的紐約，母親是心理醫生，父親是一名牙醫，就讀哈佛大學時主修電腦和心理學，由於創辦了Facebook社群網站，成為歷年來全球最年輕的創業鉅富，初估個人資產高達180億美元，成為全球第三大的科技富豪，僅次於微軟比爾蓋茲（Bill Gates）和甲骨文執行長Larry Ellison。

佐克柏在哈佛大學二年級時選擇輟學創業，與當年的蓋茲如出一轍，透過梅立克的暢銷小說「Facebook：性愛與金錢，天才與背叛交織的祕辛」，以及據此改編的電影「社群網戰」，讓更多人了解到佐克柏創業的背景和個人特質。創業的源頭指向佐克柏被女友拋棄，為了惡作劇而利用專長，在哈佛的學生宿舍架設一個公開成員個人資訊的網站，稱為「The Facebook」（2004年2月），原意是「通訊錄」，沒想到大受歡迎，大家紛紛搶著註冊以便公開自己的隱私，到了2004年底，用戶已經突破100萬人。

Facebook目前仍是美國第一大社交網站，而這股熱潮就像野火一樣幾乎橫掃全球，把網民由Web2.0推入Web3.0的世界。現在不論我們到哪裡，總習慣要拿出手機在所在位置「打卡」，向大家宣告我身在何處，同時也可以知道這附近有哪些好吃好玩的資訊，是相當個人化又行動化的設計。

今天，Facebook的用戶達到7.5億人，其中2.5億用戶主要以手機登入。美國境外的使用者占百分之70，平均每天有2000萬套應用程式被下載，每天有1萬個網站加入Facebook的Plugin工具；Facebook的影響力不只如此，連2011年初的埃及革命都顯示出社群的力量，初創Facebook時誰能預測到它會具有這樣排山倒海的力量呢？

參考文獻

1. "10 Security Concerns For Cloud Computing." in *Expert Reference Series of White Papers*: Global Knowledge.

2. 2010. "What Americans Do Online: Social Media And Games Dominate Activity." in *Nelson Wire*, vol. 2011.

3. 2011a. "Lookout: Android Market Growing Faster, Apple's App Store Attracting More Developers In the US

4. 2011b. "Symantec Internet Security Threat Report-trends for 2011."

5. 2011c. "Symantec Report Finds Cyber Threats Skyrocket in Volume and Sophistication."

6. Aguiar, Marcos, Vladislav Boutenko, David Michael, Vaishali Rastogi, Arvind Subramanjan, and Yvonne Zhou. 2010. "The internet's new billion- digital consumers in Brazel, Russia, India, China, and Indonesia." The Boston Consulting Group.

7. Alliance, Cloud Security. 2009. "Security Guidance for Critical Areas of Focus in Cloud Computing ".

8. Cisco. 2011. "Cisco Visual Networking Index: Global Mobile Data Traffic Forecast Update, 2010-2015.".

9. Editor. 2010. "Juniper Research 2011 mobile predictions."

10. Fogarty, Kevin. 2011. "Server virtualization: 6 management myths."

11. Gatten, Thomas. 2010. "Mobile Music Continues To Evolve."

12. Gens, Frank, Robert Mahowald, Richard L. Villars, David Bradshaw, and Chris Morris. 2009. "Cloud Computing 2010 . An IDC Update." IDC Execultive Telebriefing.

13. International, Greenpeace. "Make IT Green: Cloud computing and its contribution to climate change." Greenpeace International.

14. Lesem, Steve. 2009. "Cloud Storage for the Enterprise - Part 1: The Private Cloud." in *Cloud Storage Strategy*: CloudStorageStrategy.com.

15. Lesem, Steve. 2010. "Cloud Storage for the Enterprise - Part 2: The Hybrid Cloud." in *Cloud Storage Strategy*: CloudStorageStrategy.com.

16. Levett, John. 2010. "Mobile App Store Downloads to Reach 25 billion by 2015, Juniper Report finds."

17. Marshall, Nick. 2011. "Who has the most apps? Android 150,000 and iOS 350,000."

18. Miller, Rich. 2008. "Microsoft: 300,000 Servers in Container Farm."

19. Mills, Elinor. 2010. "Google: Fake antivirus is 15 percent of all malware." cnet.

20. Oreskovic, Alexei. 2010. "Nielsen Says - In: social networking; Out: email." in *MediaFile*: Thomson Reuters

21. Pettey, Christy and Laurence Goasduff. 2011. "Gartner Identifies 10 Consumer Mobile Applications to Watch in 2012." Gartner Inc.

22. Pettey, Christy and Holly Stevens. 2009. "Gartner Fact Checks the Five Most-Common SaaS Assumptions."

23. Pettey, Christy and Holly Stevens. 2010. "Gartner Highlights Key Predictions for IT Organizations and Users in 2010 and Beyond--This Year's Predictions Span 56 Markets, Topics and Industry Areas." Gartner Inc.

24. Preimesberger, Chris. 2010. "Novell Sees Fast Rise in Private Cloud Buys." in *eWeek*.com.

25. Rashid, Fahmida Y. 2011. "Private Clouds Top List of IT Investment Priorities." in *eWeek*.com.

26. Sage, Simon. 2010. "Most popular categories of apps."

27. Sarrel, Matthew. 2010. "Interest Growing in Private Cloud Computing " in eWeek. com.

28. The Cloud Security Alliance. 2010. "Top Threats to Cloud Computing V1.0."

29. 日經BP社出版局。2010。*雲端運算大解密*。Translated by 鄧瑋敦。台北市：電腦人文化。

30. 竹井潔。「情報の価値とライフサイクル管理。」

31. 行政院研究發展考核委員會。2010。「99年個人家戶數位落差調查報告。」

32. 何宛芳。2010。「打開雲端大門　迎接大瀏覽器時代來臨。」*數位時代*
    193:220.

33. 何宛芳。2010。「創造更多的體驗　五大瀏覽器競逐網路大平台世界。」*數位時代*193:224.

34. 周季庭。2011。「智慧手機這樣玩　手機購物一把罩。」*電子商務時報*。

35. 林士蕙。2011。「行動上網將成主流，比PC革命更偉大。」*遠見*295。

36. 國家通訊傳播委員會。2011。「我國行動通信用戶普及率持續攀升至
    120%，行動上網服務總用戶數達1,949萬戶，占行動通信總用戶比例提升至
    70%，行動上網已成趨勢」。

37. 梁德馨。2010。「2010年台灣無線網路使用調查報告。」財團法人台灣網路
    資訊中心。

38. 陳怡如。2010。「一人.com時代來臨！」。*數位時代*192:96。

39. 曾怡穎。2010。「2010台灣無線寬頻服務上網現況與需求調查—3G/3.5G上
    網行為及地點。」商情Digitimes。

40. 黃彥棻。2011。「主流資安廠商紛紛在RSA會議推雲端資安產品。」in
    iThome Online.

41. 新聞中心，IDC。2010。「IDC（國際數據資訊）研究顯示：2010上半年台
    灣資安設備市場營收首次超越軟體；個資法議題、行動裝置及雲端服務將帶
    動新的資安需求。」IDC。

42. 經建會部門計劃處。2010。「推動新興智慧型產業——雲端運算。」in*台灣
    經濟論衡*，vol. 8。

43. 趙郁竹。2010。「台廠爭搶三大造雲商機　突破3%微利，擁抱30%毛利。」
    *數位時代*198:88.

44. 鄭緯筌。2010。「必學！數位時代的雲端工作術。」*數位時代*190:108.

45. 盧諭緯 and 何宛芳。2010。「我們正從機器時代走入人的時代。」*數位時代*
    195:134.

46. 羅健豪。2010。「雲端第一戰　5大廠商競逐基礎設備市場。」*數位時代*
    192:92.

索引

圖解雲端運算／潘奕萍著－－初版.－－臺北市：書泉，2011.09

　　面；　公分.－－（圖說科學系列；1）

ISBN 978-986-121-693-5（平裝）

1.雲端運算

312.7　　　　　　　　　　　　　　　　　　　100012636

ILLUSTRATED SCIENCE & TECHNOLOGY ①

圖說科學系列①
圖說雲端運算

作　　者— 潘奕萍

插　　畫— 張霸子　李大踢

發 行 人— 楊榮川

總 編 輯— 王翠華

編　　輯— 王者香

圖文編輯— 蔣晨晨

封面設計— 郭佳慈

出 版 者— 書泉出版社

地　　址：106台北市大安區和平東路二段339號4樓

電　　話：(02)2705-5066　傳　　真：(02)2706-6100

網　　址：http://www.wunan.com.tw

電子郵件：shuchuan@shuchuan.com.tw

劃撥帳號：01303853

戶　　名：書泉出版社

台中市駐區辦公室/台中市中區中山路6號

電　　話：(04)2223-0891　傳　　真：(04)2223-3549

高雄市駐區辦公室/高雄市新興區中山一路290號

電　　話：(07)2358-702　傳　　真：(07)2350-236

法律顧問　林勝安律師事務所　林勝安律師

出版日期　2011 年 9 月初版一刷
　　　　　2014 年 3 月初版二刷